超级思维训练营系列丛书

神奇的动物本能

SHENQI DE DONGWABENNENG

田永强 ◎ 编著

世界无限奥秘 ☆ 探索乐在其中

中国出版集团 现代出版社

图书在版编目(CIP)数据

神奇的动物本能／田永强编著. —北京:现代出版社,
2012.12(2021.8 重印)

(超级思维训练营)

ISBN 978 – 7 – 5143 – 0996 – 6

Ⅰ. ①神… Ⅱ. ①田… Ⅲ. ①思维训练 – 青年读物②思维
训练 – 少年读物 Ⅳ. ①B80 – 49

中国版本图书馆 CIP 数据核字(2012)第 275880 号

作　者	田永强
责任编辑	刘春荣
出版发行	现代出版社
通讯地址	北京市安定门外安华里 504 号
邮政编码	100011
电　话	010 – 64267325　64245264(传真)
网　址	www. xdcbs. com
电子邮箱	xiandai@cnpitc. com. cn
印　刷	北京兴星伟业印刷有限公司
开　本	700mm×1000mm　1/16
印　张	10
版　次	2012 年 12 月第 1 版　2021 年 8 月第 3 次印刷
书　号	ISBN 978 – 7 – 5143 – 0996 – 6
定　价	29.80 元

前　言

　　每个孩子的心中都有一座快乐的城堡,每座城堡都需要借助思维来筑造。一套包含多项思维内容的经典图书,无疑是送给孩子最特别的礼物。武装好自己的头脑,穿过一个个巧设的智力暗礁,跨越一个个障碍,在这场思维竞技中,胜利属于思维敏捷的人。

　　思维具有非凡的魔力,只要你学会运用它,你也可以像爱因斯坦一样聪明和有创造力。美国宇航局大门的铭石上写着一句话:"只要你敢想,就能实现。"世界上绝大多数人都拥有一定的创新天赋,但许多人盲从于习惯,盲从于权威,不愿与众不同,不敢标新立异。从本质上来说,思维不是在获得知识和技能之上再单独培养的一种东西,而是与学生学习知识和技能的过程紧密联系并逐步提高的一种能力。古人曾经说过:"授人以鱼,不如授人以渔。"如果每位教师在每一节课上都能把思维训练作为一个过程性的目标去追求,那么,当学生毕业若干年后,他们也许会忘掉曾经学过的某个概念或某个具体问题的解决方法,但是作为过程的思维教学却能使他们牢牢记住如何去思考问题,如何去解决问题。而且更重要的是,学生在解决问题能力上所获得的发展,能帮助他们通过调查,探索而重构出曾经学过的方法,甚至想出新的方法。

　　本丛书介绍的创造性思维与推理故事,以多种形式充分调动读者的思维活性,达到触类旁通、快乐学习的目的。本丛书的阅读对象是广大的中小学教师,兼顾家长和学生。为此,本书在篇章结构的安排上力求体现出科学性和系统性,同时采用一些引人入胜的标题,使读者一看到这样的题目就产生去读、去了解其中思维细节的欲望。在思维故事的讲述时,本丛书也尽量使用浅显、生动的语言,让读者体会到它的重要性、可操作性和实用性;以通俗的语言,生动的故事,为我们深度解读思维训练的细节。最后,衷心希望本丛书能让孩子们在知识的世界里快乐地翱翔,帮助他们健康快乐地成长!

目　录

第一章　可爱动物

神
奇
的
动
物
本
能

第二章　动物趣谈

第三章　动物的奇异妙用

神奇的动物本能

第四章　动物的特异功能

第一章　可爱动物

它把自己生的孩子吃了

老虎是百兽之王，人们对老虎一向是又敬又怕，所以编出许多英雄打虎的故事来安慰自己。方圆百里左右，也就会存在一只老虎，老虎十分的独。

老虎彼此间的交往通过吼叫来进行,自己领地的界限靠气味来划分。老虎的分泌物气味呛人,嗅觉不太灵敏的老虎只好一遍遍加强警戒。动物学家说,老虎的强烈气息可以维持将近一个月呢,而这些也会被同在附近居住的异性虎察觉出来。

人们常说"虎毒不食子",错误! 会是这样的吗? 老虎真的是这样的残忍吗?

一山真的不能有两只大老虎? 能的,但是有条件,就是只有在求偶季节,两只老虎才会走到一起。一旦交配结束,雌、雄二虎便会各奔东西。已经怀孕的母虎生活依旧孤独,但对虎而言,孤独不是痛苦而是享受。虎妈妈要怀4个月的小虎,直到小虎孕育出生,虎妈妈会因为小虎的到来而高兴的。

动物学家说,虎妈妈一胎可以生五六只虎宝宝呢。这么多儿女对孤单的母虎来说是一种负担。它踌躇了半晌,选出了其中体弱的几只小虎,虎妈妈会很残忍地将它们吃掉。

虎妈妈吃掉了自己孩子,并不为此伤心的。虎妈妈太务实了。它这么做,完全为了体格强健的几只幼虎的生存。免疫力最强的小老虎往往被虎妈妈保留下来——自然生存法则就是这样的残酷。

两年后,幸存的小虎会在虎妈妈的带领学会生活。它会教孩子学会日后生存下去的必备技能——潜伏、追击、扑咬、搏杀。虎妈妈"食子"的独特残忍教育方法,使得小虎学会了生存,而且"自己更比妈妈强"。

北极狐

俗称白狐,是犬科家族中的一员,它与狼、狗和其他狐狸有着亲缘关系。由于北极狐对寒冷有极好的适应力,并且该地区存在着多种食物来源,因而它们能够广泛地分布在环境严峻的北极地区。

北极狐属犬科,额面狭,吻尖,耳圆,尾毛蓬松,尖端白色。

狐狸是北极草原上真正的主人,它们不仅世世代代居住在这里,而且除了人类之外,几乎没有什么天敌。因此,在外界的毛皮商人到达北极之前,狐狸们真是生活得自由自在,无忧无虑。它们虽然无力向驯鹿那样的大型食草动物进攻,但捕捉小鸟,捡食鸟蛋,追捕兔子,或者在海边上捞取软体动物充饥都能干得得心应手。到了秋天,它们也能换换口味,到草丛中寻找一点浆果吃,以补充身体所必须的维生素。

狐狸最主要的食物供应还是来自旅鼠。当遇到旅鼠时,北极狐会极其准确地跳起来,然后猛扑过去,将旅鼠按在地下,吞食掉。有意思的是,当北极狐闻到在窝里的旅鼠气味和听到旅鼠的尖叫声时,它会迅速地挖掘位于雪下面的旅鼠窝,等到扒得差不多时,北极狐会突然高高跳起,借着跃起的力量,用腿将雪做的鼠窝压塌,将一窝旅鼠一网打尽,逐个吃掉它们。

北极狐狸的数量是随旅鼠数量的波动而波动的,通常情况下,旅鼠大量死亡的低峰年,正是北极狐数量高峰年,为了生计,北极狐开始远走他乡;这时候,狐群会莫名其妙地流行一种疾病——"疯舞病"。这种病系由病毒侵入神经系统所致,得病的北极狐会变得异常激动和兴奋,往往控制不住自己,到处乱闯乱撞,甚至胆敢进攻过路的狗和狼。得病者大多在第一年冬季就死掉了,尸体多达每平方公里2只,当地猎民往往从狐尸上取其毛皮。

北极狐身皮既长又软且厚厚的绒毛,即使气温降到﹣45℃,它们仍然可以生活得很舒服,因此,它们能在北极严酷的环境中世代生存下去。尽管人们对狐狸自身并无好感,但深知狐狸皮毛的价值和妙用,达官显贵、腰缠万贯的人们以身着狐皮大衣而荣耀万分,风光无限。狐皮品质也有好坏之分,越往北,狐皮的毛质越好,毛更加柔软,价值更高,因此,北极狐自然成了人们竞相猎捕的目标。

神奇的动物本能

紫　貂

　　紫貂别名貂、貂鼠、赤貂、黑貂、大叶子,属于鼬科。紫貂体躯细长,四肢短健,体型似黄鼬而稍大,体长40厘米左右,尾长12厘米左右,体重0.5~1.0千克。雄性一般比雌性大,具5趾。爪尖利弯曲。耳大直立,略呈三角形,尾毛蓬松。体色黑褐,稍掺有白色针毛;头部淡灰褐色,耳缘污白色,具黄色或黄白色喉斑,胸部有棕褐色毛,腹部色淡。

　　紫貂生活在气候寒冷的亚寒带针叶林或针阔混交林中,多在树洞中或石堆上筑巢。除交配期外,多独居。其视、听敏锐,行动快捷,一受惊扰,瞬间便消失在树林中。多在夜间到地面或雪下取食,食物短缺时,白天也出来猎食,以小型鼠类、鸟类、松子、野果、鸟卵等为食,活动范围达到 5～10 平方千米。每年 4—5 月份为紫貂的发情期,妊娠期 9—10 个月,每胎 2～4 仔,3 岁后达到性成熟,主要天敌是黄喉貂和猛禽。

紫貂的冬毛皮以绒毛细密丰厚,皮板富弹性,颜色滑润为毛皮上品。产于黑龙江、吉林、辽宁及新疆者为佳。

青头潜鸭

青头潜鸭属雁形目,鸭科。体较红头潜鸭略大,全长 42～47 厘米。雄鸭头、颈黑以具绿色光辉,背部和尾羽黑褐色,暗栗色的胸部与洁白的腹羽截然分界,两胁淡褐色。雌鸭头、颈、背、尾黑褐色,胸部浅棕色。两性的翼镜和尾下覆羽全白。

青头潜鸭依据其雄性的头色,又叫青头鸭,是长江流域以北广大地区常见的一种潜鸭,金秋时节开始南迁,一般都是十多只结成小群,排成楔形队列,低空飞行。像先期到达苏州地区越冬的雁鸭类一样,也把太湖视作它们冬季生活最理想的环境。青头潜鸭在越冬期内自始至终都过着成群的集体生活,并且还喜欢同各种野鸭混杂栖居,常常使得湖上呈现一片喧嚷、兴旺和充满无限生趣的景象。它们胆小怕羞,却又是飞翔和游泳的好手,还能潜到水下,取食水草和蚌螺等软体动物,潜鸭类都有此项绝技,它们的名字就是由此而得。

早春,人们怀着惆怅的心情,像告别挚友那样,目送着青头潜鸭迫不及待地展翅北去,回归已沉睡初醒的故乡大地,重新开始它们这一年的新生活。同时,也带着企盼的愿望,祝它们一路平安!

马来貘

马来貘在分类上属于哺乳纲、貘科。分布于东南亚的马来半岛、苏门答腊、泰国、柬埔寨和缅甸等地。

貘科是现存最原始的奇蹄目，保持前肢四趾后肢三趾等原始特征。貘体型似猪，有可以伸缩的短鼻，善于游泳和潜水。貘科现存仅貘属的4个种，分别分布于东南亚和拉丁美洲两地。

马来貘栖息在低海拔的热带丛林内、沼泽地带。因此，在人类的伐木及开发热带雨林林地(deforestation)以作为农工用地之时，便造成了马来貘栖地破坏、无法生存的后果。

单独或结小群活动，夜行性。嗅觉与听觉敏锐，视觉差，性格机警、温顺而阳小。

也能奔跑，喜欢在泥中跋涉、还善于游泳。以水生植物的枝、叶与低矮植物上的果子等为食。

马来貘是4种貘中体型最巨大者，貘的躯体粗壮，腿短。前足四趾，后足三趾，鼻部与上唇发育成厚而柔软的筒状物，可以用来钩住树叶送入嘴内。其貌"似猪不是猪，似象不是象"，故也有"四不像"之称，一般而言，马来貘体长为1.8~2.4米之间，站立高度有90~110厘米高，成体重量约在250~320千克，有些特例可以长到410千克那么重；雌性的马来貘通常比雄性的体型来得大，身体浑圆可爱，皮厚毛硬，全身除中后段有如穿着肚兜、包着尿布的白色体毛外，其他部位皆呈黑色。这样的色彩搭配，似乎很醒目，但在月夜的阴影中却能与周围环境融于一体，起一种特殊的迷彩作用。

马来貘平均寿命约20—25年，但是不论是野生或在动物同类的马来貘，都有机会活到30岁。大约4—5岁性成熟，繁殖期不固定，约在四到六月之间，而怀孕期约390—400天，每产1仔，极少两仔，雌貘两年才会生一胎，幼貘的哺乳期为3—6个月，出生时幼貘约6.8千克重。小貘出生时，通体黑色，缀大量浅色斑点和条纹，更便于隐匿。

目前，全球各地的马来貘数目约有3200只，其中约有200只马来貘是在动物园内餐养，约3000只马来貘是在野外生存。

貘具有长长的鼻子，鼻子相当敏锐，可以侦测食物、危险，也可以在水里伸出鼻子呼吸，由于视力不好，平常以听觉及嗅觉为主，当马来貘受到威胁时，可以拔腿就跑，若是跑得不够快，还可以躲到水里，伸出鼻子。其实它们也可以靠有力的下颚及尖锐的牙齿来保卫自己。

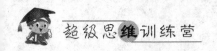

平时独居,拥有广大的领域,在与其他貘相接的地带,会以喷射尿液跟植物的方式来划清界限,也会发出高频的声音来做沟通,而在雨林中缓慢的步行,途经别的貘的领域时,也会留下味道以为记号。

马来貘只吃素,喜好植物的嫩枝芽、树叶、水果、草及水生植物,食性很广,能吃将近一百种的植物。它们会在日夜交接时采食,因此虽分类偏向夜行性动物,却非完全的夜行性动物,是为黄昏性动物(Crepuscular),在深夜,马来貘也是会睡个觉的。马来貘喜欢在泥、沙中打滚,喜好居住在水边,一方面方便打滚、洗澡、游泳,一方面也比较安全。

传说马来貘能吃掉噩梦,所以被称为食梦兽。另外,中国古代陵墓常用作镇墓兽,以避免死者灵魂被恶灵带走。

坡 鹿

坡鹿别名海南坡鹿、泽鹿,属于鹿科。坡鹿体型与梅花鹿相似而稍小,但颈、躯体和四肢更为细长,显得格外矫健。雄鹿具角,第一眉叉自基部向前侧平伸出,与主干几乎成弯弓形。毛被黄棕、红棕或棕褐色,背中线黑褐色。背脊两侧各有一列白色斑点,仔鹿的斑点尤为明显,成年鹿冬毛斑点不明显。

坡鹿栖息在海拔 200 米以下的低丘、平原地区。性喜群居,但长茸雄鹿多单独行动。坡鹿喜集聚于小河谷活动,警觉性高,每吃几口便抬头张望,稍有动静便疾走狂奔,几米宽的沟壑一跃而过。取食草和嫩树枝叶,也喜欢到火烧迹地舔食草木灰。发情交配多在 4 ~ 5 月份。在发情期,雄性之间为独霸雌鹿群而发生激烈格斗。孕期 7—8 个月,每胎 1 仔。产于海南岛。分布范围狭窄,数量很少。

水　鹿

　　水鹿,属于鹿科。水鹿躯体粗壮,体长 140~260 厘米,肩高 120~140 厘米,体重 100~200 千克。角的主干只一次分叉,全角共三叉。从额至尾沿背脊有一条宽窄不等的深棕色背纹,臀周毛呈锈棕色,颈具深褐色鬃毛,体侧栗棕色,尾毛黑色。

　　水鹿生活于热带和亚热带林区、草原以及高原地区。常集小群活动,夜行性,白天隐于林间休息,黄昏开始活动,喜欢在水边觅食,也常到水中浸泡,善游泳,所以叫"水鹿"。感觉灵敏,性机警,善奔跑。以草、树叶、嫩枝、果实等为食。繁殖季节不固定,孕期约 8 个月,每胎 1 仔,幼仔身上有白斑。产于中南和西南地区。

水　豚

　　水豚科是向较大性食草动物方向发展的啮齿类,包括现存体型最大的啮齿类,而一些化石类型体型更大。水豚科现存仅水豚一种,分布于巴拿马到阿根廷北部,也有人将北部的水豚另分出一种巴拿马水豚。水豚体型似猪,为半水栖性,脚上有半蹼,无尾,善于游泳和潜水,成群生活在水域附近,食水生植物。水豚体长超过 1 米,体重可达 66 千克,是南美洲大型肉食动物的主要食物之一。

它们也有墓地吗

　　在非洲有个传说:大象在行将死亡时,会找个坟墓,去迎接末日来临。有人就突发奇想了,如果能发现大象墓地,就会很容易获得许多象牙了。

　　有些探险家来到非洲的肯尼亚。在高山上瞭望,看到山对面有动物尸

神奇的动物本能

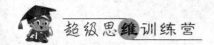
骨呈白色。一头大象踉跄来到尸骨旁,呻吟一声就瘫了。探险家跑到对面山上想看看这是否是大象墓地,但山上有猛兽,沼泽地也很多,过不去,没有看成。

大象行动有些神奇,是不是因此就编造出大象存在墓地的故事了呢?还是偷猎者为盗杀大象的大牙编出大象有墓地的故事呢?如果否定的话,为什么大象临死之前会离群消失呢?可是我们却很少见到大象的尸体。究竟是怎么回事呢?

动物学家在调查时,遇到一场罕见的"大象葬礼"场面:在离密林很近的草原上,几十头大象围着一头雌象,这是头老的不能站立了得老年雌象。老象趴在地上,低着头喘气,耳朵几乎不动,低沉地叫着。

围观的象用鼻子卷草叶投在雌象嘴边。老雌象连看都不看,身体抽搐着。最后,雌象在地上停止了呼吸,死了。

顿时周围的象群发出哀鸣,打头的雄象先用象牙挖硬地,用鼻子卷起土

块投到死象身上。很多大象纷纷效仿,用鼻子卷石块、枯树枝和草团,投到死象身上。死象就这样被埋了,很快堆起一个土墩,像坟堆一样。

打头的雄象用鼻子埋土,还用脚踩踏。周围象也跟着做,土墩被踩得很坚固。最后,打头的雄象发出一声很大的叫声,象群停止踩踏,绕着土墩缓慢地转圈走着。太阳下山了,象群耷拉着头,甩着鼻子,扇着耳朵,纷纷离开埋着老象的土墩,回到森林深处。

根据从生物进化论,动物学家对大象神秘"殡葬"行为做了解释。群居的大象会对怜惜死去的同伴,会为其收尸,掩埋伙伴。有时候,大象用长鼻把象骨和象牙,集中卷放在一处去,成为公墓。因为象牙是大象生命的象征,大象有的死了,其他的大象就会将死去同伴的象牙带走。

有探险家曾经去非洲的肯尼亚寻找象牙,追寻"大象墓园"。在高山顶上,见过动物尸骨堆旁,大象哀叫后倒地而亡。但是由于客观环境的阻拦,无法验证发现大象的墓地的惊喜,只好无功而返了。

在非洲,自从象牙被列入贵重商品的行列后,象牙地位飙升。流传的那些有关动物生活习性的神秘说法,天天有新的变化。

后来,法律禁止猎杀大象的行为,一些偷猎者为了达到自己卑鄙的猎杀目的,故意编出了关于"大象墓园"的传说,想肆意捕杀得到象牙。捕杀之后再说象牙是他们在"大象墓地"中捡到的,无非是想要摆脱法律责任而已。

所以,要想更好地了解大象、保护大象,人类亟待进行一次真正意义上的科学考察。

松　鼠

松鼠科是一个非常成功的科。其种类繁多,分布广泛,适应从半荒漠、高山到热带雨林的多种不同生活环境,有些种类还出现在城市花园中。松鼠科成员依生活习性可以分成树栖、夜行性、可以滑翔的鼯鼠类,树栖、昼行性、不能滑翔的松鼠类和地面生活的地松鼠类三大类。这三大类虽然彼此差异较大,但多有较大的眼和或多或少蓬松多毛的尾。鼯鼠类是所有会滑翔的哺乳动物中最著名的代表,以东南亚最为丰富,邻近的亚洲东部和南部也有少数,另有飞鼠属分布于欧亚大陆北部,美洲飞鼠属分布于中北美洲。

松鼠类是人们最熟悉的动物之一,其中松鼠属是种类最多、分布最广的一属,多数成员分布于美洲,但是也有几种分布于欧亚大陆。其他的树栖松鼠以亚洲热带、亚热带地区属种最多,体型差异也较大,其中东南亚和南亚的巨松鼠,如可见于我国广西、云南的两色巨松鼠体重可达 2~3 千克。非洲的树栖松鼠体型差异也较大,其中体型最小的成员体重仅 10 克左右。

地栖的松鼠以北美洲最为丰富,欧亚大陆北部和非洲也有不少。地栖的松鼠中包括一些体型较大的成员,如土拨鼠又称旱獭,大者体重可达 8 千克。常见的花鼠习性介于树栖松鼠和地栖松鼠之间,挖洞穴居,但也常在树上活动。花鼠分布于东亚北部,在美洲另有近 20 种与其相似的美洲花鼠,也有人将二者合并为一属。

台湾猴

台湾猴别名黑肢猴、岩栖猕猴,属于猴科。台湾猴体型与猕猴相似,雄性体长44～54厘米,雌性体长36～45厘米,雄性成体明显大于雌性个体。尾长为体长的2/3。体毛多为蓝灰石板色或灰褐色,面部呈肉红色。额部裸露无毛,颜色灰黄,头部圆且具厚毛,两颊密生浓须,顶毛向后披,手足均为黑色,故又名黑肢猴。尾基部为橄榄色,其端部为灰色,尾中部具明显的黑色条纹。

台湾猴为中国特有物种,栖息于岩壁和山林之中,为半地栖动物,取食各种野果、树叶、昆虫,有时也盗食农家的谷物和瓜果。多结成一雄多雌的家族群,以一体魄强壮的成年雄性作为首领。每胎产1仔。寿命可达20岁。产于台湾省的南部和中部。

蹄 兔

蹄兔科是蹄兔目前现存的唯一代表,体型似兔,脚上有蹄,脚掌有特殊附着力,适合爬树或在岩石上攀登。蹄兔为树栖性或地栖性,食植物或昆虫,背上有用于驱敌的腺体。蹄兔科有3个现存的属。蹄兔属仅蹄兔一种,分布广泛,分布几乎遍及非洲各地,也见于中东地区,是现存唯一可见于非洲以外的蹄兔。蹄兔无尾,腺体周围的毛为黑色,常出现在岩石地区。异蹄兔属(岩蹄兔属)有3～6种,分布于非洲撒哈拉沙漠以南,主要生活于多岩石的山区,无尾,习性接近蹄兔,但腺体周围的毛为黄色或白色。树蹄兔属有3种,分布于非洲北部以外的非洲各地,生活于树上,偶尔也在地面取食,有短尾,腺体附近的毛白色。

跳 羚

　　跳羚身体上部呈明亮的肉桂棕色,下部为白色。沿腰窝有一条巧克力棕色的宽条纹,面和口鼻部为白色,有一红棕色的条纹从眼部到嘴角,臀部为白色,尾巴较细,尾端有一簇黑毛。从臀部沿脊柱直到后背的中部,有一簇较长的白毛,通常沿脊柱折合起来形成一条很窄的袋状,一般看不见,只有在嬉闹或天气极热时,打开一会儿。双耳长,较窄,竖立。两性都长有角,从底部开始角的2/3有棱,其他1/3光滑,末端尖细向内生长。雌性后腿间有一对(偶尔也有两对)乳房。在博茨瓦纳测量的数据如下:平均体长1.5米(1.4~1.6),尾长25厘米(14~31),雄性肩高75厘米,雌性肩高60厘米,雄性体重41千克(33~48),雌性37千克(30.4~44.5)。

　　跳羚生活在干旱或半沙漠化的长有灌木丛的草原上。在干燥台地高原地区,它是真正意义上的沙漠羚羊,几乎能够不喝水而生活很长时间。分布非常广泛。在有水心病(一种非常严重的热性传染病)的地方,跳羚很难存活。它食性非常广泛,随季节不同食物有所变化,但选择比较有营养的。采食草、草本植物、灌木、种子、豆荚类、水果和花,有时也刨开地表寻找瓜类,也选择对其他种羚羊有毒的植物。采食野生的瓜类来弥补体内水分的不足,采食土壤来补充体内矿物质的缺乏。

它为什么这样的忠诚

　　同学们,你家里养过狗吗?狗对人很忠诚,被传为佳话。虽然俗话说金钱是万能的,但买不到真挚的友谊和忠诚。也许只花你一部分的时间对它好,而它却将用一辈子回报于你。如果你愿意——狗知道怎样做感动人。真的吗?狗真的爱主人吗?狗对主人真的是忠诚吗?狗与人真的可以情感相通吗?

　　肯尼亚发生过这样的奇事:森林里一个新生女婴被丢弃,一条母狗发现了,径直将女婴叼着,离开了森林,穿过马路,钻进铁丝网,来到它窝中。然后,母狗把它和自己狗宝宝放在一起养护。

后来,有两个小孩在狗窝附近玩耍,听到女婴的哭声,走进发现狗窝中有小孩儿。回家告诉了大人,家长向警察局报案了,女婴被警察送进了一家医院检查了。

义犬救人的故事再次引出话题:你的狗是否真的爱你?

科学家、兽医及狗主人一直以来就对人与其好友——狗之间的关系感到困惑。人们在狗能否感知情感,尤其是爱的问题上一直存在争议。

狗的情感类似人的情感,包括所有哺乳动物,大脑中都有一个"快乐中心",会受多巴胺的化学物质的刺激,调节激发快乐情绪。

例如,正在玩接物游戏的狗,"快乐中心"就会释放多巴胺,狗就会很高兴的。由于人类具有类似的大脑化学物质,难道我们因此能够假定狗和人类在情感方面比我们先前认为的更加相似吗? 向人类寄托情感的一刹那,狗是可以获取快乐的。

据动物学讲师说,狗感知爱的形式可能不同于人类。狗之所以将全部情感都倾注在人类身上,是因为它是人类忠实的"奴仆"。

狗可以从对人类寄托的情感中获得快乐。狗越是给予我们更多的"聪明因素",我们就会愈发感觉它们爱我们。这更有可能令我们给予它们更多关注,给予它们更多食物,给予它们更多到户外活动的机会——所有这些,都基于它们显示出的对我们的付出程度。

我们对狗的技巧和滑稽动作,表扬和赞赏,它们就会一直"爱"我们。可是,如果我们将自家的狗寄存到邻居家里,而邻居又像我们一样、出于相似的动机对待它们,我相信我们的狗会适应新生活,它们会像忠于我们那样忠于邻居。人们在狗身上倾注了大量的时间与情感,探讨狗对主人的爱能不能迁移到邻居身上。

狗对人忠诚是纯粹的,是不讲条件的,就像长辈对孩子无私的爱一样。一般,狗会始终站在我们一边,即使在我们身陷逆境,境遇不好,它们也不会离开。这种爱与忠诚的情感是本能的。爱的光圈是群体意识。

灵长类动物学家经过研究表明,动物是有情感的。从行为上看,动物体验到情感时,行为具有价值。动物的群居必须能够了解并能与其他动物在情感互动的,这样才能使得这种群居的关系保持。

那么,狗如此爱我们人类,是否存在特殊的什么动机呢?科学家发现,动物都有群体意识。狼是狗的祖先,更是如此的,离群的狼是不可能存在多久的。

狗和人共同生活,它在自己的心中就已经把这个家里的每一个成员看成"狗群"里的一分子,群体的生存是需要每一个成员团结友爱和相互支持的。所以当发生危险时,至少它认为是危险时,它就会很自然地保护家里的每一个成员。当然,小狗对主人寻求保护也是很正常的事情。

动物群体中都存在一个首领,条件是应该威武高大、凶猛厉害,这样才会得到群体成员的臣服。狗总会在家里找到这么一个角色,多数时候会是家里的男主人,所以它对男主人的话很温顺,而对于每天喂它的女主人就很一般了,对于家里的孩子,他们表现的是会漫不经心的对待了。

如果狗认为你在它群体成员之外,那它可就不容许了,这其实也是群体中主动驱赶非集体成员的习惯,不是我们说的"狗眼看人低"。

狗也是喜欢群居的动物,饲养的狗群中,会有头犬的,就像他们的首领一样,带领、支配犬群,对它们行使管辖权。头犬的首领地位通常用以下几种特定动作来表示:如允许自己而不允许对方检查其他犬的生殖器,不准对方向另一只犬排过尿的地方排尿。在头犬前摇头、摆尾、顽皮、坐下或躺着,当头犬走开时方可站住。等级优势明确后,敌对状态消失,开始成为朋友。狗有很浓厚的领域观念,我们经常见到狗到个地方就撒尿,其实它们是在用尿在做标记,标注出来它的"所辖范围"。狗的情感是真的发自内心的爱呢,还是一种把戏而已呢?

狗有个独特的习性,就是能与人交往。尤其是与孩子相处,而这天生的习性常取决于3—7周龄时与人接触"印记"的程度。如果犬出生的头两个月只和它父母或其他犬在一起,或没有真正了解人,很容易产生不爱和人交往且不好训练的情况。如果小狗刚出生就在人的爱抚下长大,它在内心中就把人当作了自己的朋友,人的气味就像刻在脑中了。慢慢地就养成喜欢

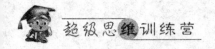

与人交往的性格。

科学家研究得出,狗的情感如狂吠、低叫,显示它们的愤怒,龇牙表示它们要进攻等等,这些能巩固狗群之间的沟通。那么,在小狗的眼中的这份情感,到底是不是真爱呢?难道是它们要从主人手中得到食物的一种伎俩,至今还没有一个准确的说法。

科学在不断地发展,那么家犬高兴地摇尾,到底是什么意思呢?还有待于科学的研究之后给出结论的。但在狗的世界中,它们把自己的所有给了主人,把人类当作它们的活动中心。与人类能够忠诚相处,彼此得到对方的信任。这一点是不用怀疑的事实,人类选择了狗作为好朋友,是明智的选择。

水　獭

水獭为国家二级保护动物,主要生长在欧洲、亚洲、美洲和非洲。

水獭是食肉目鼬科的 1 属,身体流线型的,体长约 70 厘米,体重可达 5 千克;尾粗长,由基部至末端逐渐变细,一般超过体长的 1/2;四肢短,趾间均具蹼,类似鸭掌。体毛较长而细密,底绒丰厚柔软。体背灰褐,胸腹颜色稍淡,喉部、颈下灰白色,毛色还呈季节性变化,夏季稍带红棕色。

水獭共 8 种,广泛分布在欧亚大陆、非洲和南北美洲的水域或湿地。水獭的游泳能力强,速度很快,主要动力为肌肉发达的长尾上下摆动,而后肢划水则起掌握方向的作用。在游泳中可左右翻转,上下自如。一次潜水可长达 6—8 分钟,惯在水里追捕鱼群。水獭的鼻孔和耳道口均生有小圆瓣,潜水时能关闭以防水侵入。眼亦具特殊结构,以适应光线在水中的折射。水獭类全身毛被褐色,体毛短而致密,富有光泽,耐水浸,易干燥。

水獭善于游泳和潜水,潜水能力极强,一次可在水下停留 2 分钟,捕起鱼来像猫捉老鼠一样快捷。水獭属于半水栖兽类,主要栖息在河流、湖泊岸边、海岸及附近岛屿,从不远离水域。多穴居,水獭的洞穴较浅,常位于水岸石缝底下或水边灌木丛中。一般有两个洞口,其中一个开口在水下,活动范围较大,昼伏夜出,以鱼类、鼠类为主食,也吃小爬行动物、蛙、水禽和小哺乳动物。常在水质清澈或杂物少的水面觅食,它们捕食前常在水边的石块上伏视,一旦发现猎物,即迅速扑捕。饱食后在岸边或沙滩上休息。全年繁殖,怀孕期2—3个月,每胎产2仔。

水獭嗜好捕鱼,即使饱腹之后,遇到鱼群或成群的水禽时,往往大批咬杀,其数量超过进食量。这种无休无止地捕杀,对养鱼业危害极大。但聪明伶俐的水獭,经过半年训练,就可以成为一名为渔民效劳的捕鱼能手。

水獭的皮毛不但外观美丽,而且特别厚,绒毛厚密而柔软,几乎不会被水浸湿,保温抗冻作用极好,因此是贵重的毛皮资源动物,獭肝、獭骨还具有药用价值。中国水獭有3种,可见于全国各地。湖南、四川等地常有渔民驯养水獭,用以捕鱼。水獭毛绒丰密,常用做装饰,价值特高。云南系国内主要的水獭产区之一,1980年以前,全省水獭皮年收购量均在2000张以上,由于无节制的猎捕,加之开发建设使水域污染,现在数量稀少,亟待加强保护。

无尾熊

无尾熊属有袋类,小无尾熊在妈妈的袋里长大。虽然母无尾熊的袋子朝后但有似拉绳的肌肉使它能绑紧袋子保护幼小的宝宝。

无尾熊属于树栖动物。除非要移居、繁殖、觅食等状况,其余时间均在树上,喜欢独居,一日休息与睡眠约17—20小时,大部分在白天,夜间活动量较多,吃的树叶是低能量食物(很多动物吃了都会中毒的),从树叶中摄取所需大部分水分,偶尔还是会到小溪边喝水。

每年特定季节内无尾熊会有周期性发情,发情周期约为35日,为诱发性排卵。发情时有吼叫、下地走动、打斗等行为。雌兽与雄兽相遇后雌兽垂直抱着树干,由雄兽自后面垂直骑乘,再紧咬住雌兽后颈部不放,然后交尾。整个过程约1—3分钟。雌兽企图挣扎脱离雄兽。雌兽于配种后若怀孕会暂停发情,若无怀孕则约在接近配种后50日再产生周期性的发情现象。

无尾熊的怀孕期约34—36日。小熊刚出生时有1.9厘米长,0.5千克重。自母兽泄殖腔产出后花费数小时爬到袋内,然后紧咬袋中乳头不放。6

个月开始把头伸出袋外,并开始长牙齿。8个月时候有0.54千克重,都在袋外但仍紧靠在母兽的肚上。9个月时约有1千克重,靠在母兽的背上,很少进袋里。10个月时仍保持在妈妈身边一公尺内。一年后约2千克重,逐渐离开母兽独立生活。

无尾熊的采食特性,采食桉树种,大叶桉、细叶桉、脂桉、赤桉、树脂桉、斑桉、灰桉、山蓝桉、玫瑰桉、柠檬桉、白桉、圆叶桉等。性喜采食嫩芽叶部分,但若遇到适口的部分,仍会继续从嫩叶采食至下面之成熟枝叶。

无尾熊属于夜行性动物,白天大部分的时间是在睡眠和休息。大部分的摄取食物、移动及社会行为通常发生在夜晚。无尾熊每天花在睡眠及休息的时间约18—20小时,约占80%的时间。每天有4~6次的摄食(约共占1~3小时),每次从20分钟至2小时不等,且摄食的行为常在黄昏进行。而移动等其他行为,只占每天活动的小片断。

由于无尾熊吃的是高纤维、低热量的食物,必须保持体力,所以一天当中大部分的时间都花在休息和睡眠。和大部分的有袋动物不同,他们不会筑巢,也不会躲在树洞中,而是直接坐在树杈间休息。天冷时会背风缩成一团,以背部的厚毛抵御寒风,天热时则四肢展开,腹面向下挂在树上或树杈间。

动物园自小无尾熊死亡后,曾接到许多民众的电话,表示小无尾熊看似健康,为何说走就走了呢?也有许多人对于动物同在动物幼体(小宝宝)的处理方式上提出疑问或建议。最直接的问题就是:"你们已知道夏娃是第一次当妈妈,没有养育小宝宝的经验,怎么不直接把小无尾熊拿出来人工养育?"

从生物学上的观点来看,无尾熊属于有袋类动物,它们的母体在怀孕时期因缺乏类似哺乳类动物的完整胎盘构造,所以幼儿不能透过胎盘从母体获得养分,早早就产出。小无尾熊刚生出来时才只有2厘米大,0.5公斤重,是典型的"早产儿"。眼睛尚未睁开的小无尾熊必须靠触觉爬至母亲的育儿袋中,吸取母亲的乳汁继续发育,这段从产道(泄殖腔)至袋中的路程虽短,但对无尾熊来说谷口是一大考验。根据澳洲提供的资料指出,无尾熊第一胎的幼儿死亡率高达71%,除感染、意外等,无尾熊在先天上胎盘发育的劣势是一大因素。目前世界上仅存澳洲大陆的动物在演化上,因为没有许多哺乳类动物与其竞争,算的上是有袋类动物的天堂了。

　　动物园为何不将无尾熊宝宝带离初为母亲的夏娃身边来人工哺育呢?有很多原因:

　　①无尾熊宝宗因为早早就产出,需在母亲的育儿袋中吸取乳汁,母体乳头藏在袋中,如果人工哺育,如何取得母体的奶水呢?人工配方的奶水绝对和母乳的营养成分有差异,人类的小宝宝在妈妈怀中10个月才生出来,已经比有袋类宝宝强壮多了,但大家还是提倡妈妈应该亲自喂予母乳,就是因为母乳含有一般奶粉中所没有的有益抗体或营养物,可以提高宝宝的免疫力。如果把无尾熊宝宝带出母体,母乳的取得是很大的问题。

　　②虽然人类怀孕时会定期做健康检查来了解宝宝发育的状况,但在动物世界中,经常干扰,对怀孕的母体并不适合,尤其是有袋类动物。干扰母体可能会使动物产生紧迫性而导致流产,对宝宝不利,宝宝藏在育儿袋里,如果经常要称重,一来不是那么容易取出宝宝,二来造成袋内细菌感染的机会大增,這些都会让无尾熊宝宝的死亡率增加。

　　③无尾熊宝宝在母亲袋中成长到5个多月时,需要开始吃一种婴儿的副食品,也就是母亲的软便(pap)。这种软便含有来自母亲盲肠中的半消化糊状叶子,里面有微生物菌落,小无尾熊吃了以后将来就可以消化尤加利叶子。无尾熊宝宝会爬至母亲的肛门口并不断地舔,以刺激母亲释出这种副食品,这也是人工哺育无尾熊无法取得的必备食品。

浣　熊

　　浣熊属于哺乳科,食肉动物。需要注意的是,浣熊与熊不是同一科,但是是类似于熊科的杂食性动物。浣熊从体态上讲,体型较小,一般不超过10千克,最小的不到1千克。体粗,肢短,尾长。形态和结构略似熊科,但体型要小很多,并有较长的尾,树栖性比熊科更强,食物中动物性食物的比例要大些,浣熊常常把捕到的食物放在水中洗去泥沙,因而得名"浣熊"。

　　浣熊主要靠触觉感知周围的世界。它们的脚觉发达,经常用前爪捕食和吃食,使用前爪几乎同猴子一样灵活。正是因为这个原因,浣熊在它的北美洲老家被称为"raccoon"——这个源自北美印第安语的名字意思是一种"用手抓挠"的动物。

浣熊属包括7种动物,主要分布于美洲的热带和温带地区。在中南美洲和加勒比海诸岛有一些同属的成员,它们有时都被并入浣熊一种。浣熊科另外一个比较常见的属是长鼻浣熊属,包括分布于巴拿马到巴西北部的南美浣熊(赤)和分布于美国西南部到中美洲的白鼻浣熊(白鼻)。长鼻浣熊身体比浣熊瘦,吻部很长,是浣熊科唯一长吻的代表,主要吃昆虫等各种小动物,也吃果实和蜥蜴等较大的动物。美洲的浣熊中最特殊的是蜜熊,蜜熊分布与中南美洲的热带雨林中,从墨西哥东南部直到巴西。蜜熊喜欢吃果实和昆虫,特别喜欢甜食,会区蜂巢盗吃蜂蜜。蜜熊的树栖性很强,尾巴具有缠绕性,在食肉科目中,只有两种动物的尾巴有缠绕性,另外一种是分布于东南亚的猫型类的熊狸,二者无论是分布还是亲缘关系均较远。

浣熊的显著特点是毛茂密、带有斑纹的尾巴和黑色的面孔。这些动物喜欢居住在池塘和小溪旁树木繁茂的地方。

浣熊喜欢栖息在靠近河流、湖泊或池塘的树林中,浣熊还是优秀的"游泳健将",它们大多成对或结成家族一起活动。

浣熊科动物也是一类偏离于肉食性的动物,且属于杂食性动物,吃鱼、蛙和小型陆生动物,也吃野果、坚果、种子、橡树籽等。

浣熊筑巢于树洞,白天浣熊整天睡觉,捕食都在夜间进行。它们靠触觉在浅水和地面上寻找猎物,一旦得手,浣熊会抓住、翻动并仔细察看猎物。但只有当它靠嗅觉肯定食物没有问题时,才会享用捕捉到的猎物。

寒冷地区的浣熊在洞穴和空心树干中度过冬天。尽管它们睡眠很深,但不属于冬眠,只要有轻微迹象表明天气转暖,它们就会离开栖身之地,出来活动。

公浣熊会同时与几头母熊交配,但母熊一般只接受一位求偶者。平时温驯安详的公熊在交配季节常常会互相叫嚷和厮打。

春天,母熊通常会在大约九个星期后产下3~5只幼熊,并且独自照看它们。它们会全家在一起生活将近一年,然后幼年浣熊便会离开母亲。

浣熊的主要敌人是人类。浣熊的毛皮备受青睐,因此人们到处都在捕杀浣熊,特别是在美国南部。而自然界的敌人包括山猫赤狐郊狼及猫头鹰

（估计多是些幼体）。有趣的是，318 条短吻鳄的胃中只有 4 条发现有浣熊的残体。

鸵　鸟

鸵鸟现在主要分布于非洲和阿拉伯半岛的部分地区。因其产于非洲，故又叫"非洲鸵鸟"。

告诉你，鸵鸟可是绝对嗜水如命！它们喜欢洗澡、蹚水，哪怕就只在水中胡乱扑腾一通，也觉得非常过瘾。就像我们在水上公园游玩要注意安全一样，鸵鸟玩水时也很注意防备贪婪的鳄鱼和其他的敌人。尽管如此，这些大鸟通常还是会毫无顾忌、忘乎所以地在水中玩耍嬉戏。

鸵鸟主要以植物的颈、叶、种子、果实及昆虫、蠕虫、小型鸟类和爬行动物等为食。

鸵鸟的繁殖期在旱季，有求偶争斗的习性，雌性以沙地掘浅坑为巢，每产 10 ~ 13 卵，孵化期约 42 天，约 3 岁性成熟，鸵鸟寿命很长，大约 60 年。

鸵鸟卵很大，一枚重 0.5 ~ 1 千克。一般是 40 ~ 50 只鸵鸟汇聚成一群活动。它们还常用沙土和砾石将蛋覆盖，以保持一定温度。在孵化末期，鸵鸟会将一些蛋推滚到窝边缘，有利于同步孵化。孵化出的雏鸟很快就能随鸵鸟四处游荡。

雌性鸵鸟在白天孵卵，而雄性鸵鸟则在夜间孵卵。由于雌鸟在儿女出生前需要做更多的准备工作，所以，儿女降生后通常由雄鸟负责喂养。总之，雄鸟和雌鸟分工明确，各负其责。雄鸟们有时候难免拳脚相向，较弱的一方常常会丢下自己的孩子逃之夭夭。这时，获胜一方会责无旁贷收养这些可怜的孩子。

鸵鸟常常数只共用一个巢穴生儿育女。每次大家可能会产 40 个卵，但一个巢穴只能容纳 20 个左右。所以，处于统治地位的母鸟将会决定哪一些留下，哪一些要抛弃。不待说，她会把自己的骨肉全都留下。舐犊之爱，母性也。虽说有点自私，却也无可厚非。

鸵鸟是现在世界上生存着的最大的鸟。雄鸟高约 2.75 米，体重 300 多

神奇的动物本能

磅，虽然它们不会飞，但鸵鸟坚硬的脚爪补偿了这一缺陷，跑时以翅扇动相助，一步可跨 8 米，每小时可以奔跑 70 千米。由于它们像骆驼那样，可以在热带沙漠中奔跑，所以它们被称作"鸵鸟"。

人们中有"鸵鸟政策"的说法，说是鸵鸟平时胆子很小，遇到危险时，就把头钻进沙堆里，自己什么也看不见了，就以为别人也看不见它，以此来躲避危险。其实，这是一种误传。鸵鸟的胆子确实不大，但是它们有强大的自卫武器——那双健壮而有力的腿，可以向任何进犯它的敌人反击，用腿踢敌人。再加上每只脚上有长达 17 厘米的脚趾去抠抓敌人，有时鸵鸟确实把头插入沙子里，但那绝不是害怕，只是想吃点沙子，以帮助食物在胃中的消化。鸵鸟一般以有浆汁的植物为食，有时也吃些蜥蜴和其他甲壳类单位充饥。

尽管大自然的进化"剥夺了鸵鸟飞翔的权利"，它们还是凭借强有力的双腿，在生存竞争中争得了自己的生存空间。

鸵鸟通常会坐在草地上，这样可以降低被敌人发现的危险。它们长长的脖子可以作为潜望镜来观察周围的动静，让一切尽在自己掌握之中。它们很机敏，知道如何保证安全，对周围的动静也会有好奇心。所以，鸵鸟的坐姿既能满足自我保护的需要，又能满足对新奇事物的痴迷。

看,它们认亲来了

我们人类亲子鉴定，在现代法医学中，主要通过检测人类遗传标记，根据遗传规律进行分析判断。其实也就是根据检测遗传基因，计算遗传概率来排除或认定亲子关系的。

以前都是通过血型检验来进行亲子鉴定的，随着科技发展，出现很多的试剂，开始采用 DNA 方法鉴定了。它能非常神奇地鉴定出是兄弟姐妹关系，还是叔侄爷孙等的隔代关系，非常准。这是单靠血型检验无法完成的，DNA 检测技术还在不断发展呢。

我们人类是靠遗传的 DNA 来认亲的，那么，动物之间是怎样认亲的呢？

科学家通过实验发现，有些动物是通过气味来分辨亲缘关系的。

蜜蜂是靠气味找亲人的。蜂群里有专门"看门蜂"，对进入蜂巢的蜜蜂

进行检查。在一起的蜜蜂就放行,外来的蜜蜂就会被阻止入巢。"看门蜂"对进巢的蜜蜂审查,就靠自己的气味标准,相同的放行,不同的是不会让进入的。

蚂蚁靠气味识别亲友。蚁后给每只工蚁留下气味,就像颁发的"身份证",味道相同就能出入蚁穴自由,否则要被咬死。

癞蛤蟆由卵孵化为幼崽,就可以通过气味识别没见过面的同胞的,并且很欢乐地与亲兄弟姐妹一起游泳玩耍,即使在同一池塘中也不愿同没有血缘的伙伴共伍的。

科学家将一只蛤蟆产卵孵蝌蚪染成蓝色,另一只蛤蟆产的蝌蚪染成红色,然后同时放入水池中。观察它们的行动。刚开始是都在一起的,不久,就自动分开,红色蝌蚪扎在一起。蓝色蝌蚪聚在一块,好像被磁铁吸引的一样,没有一点儿误差。

科学家为了验证一下,又实验了一次。将蛤蟆同一次产下的卵孵出的

蝌蚪一半染成红色,另一半染成蓝色,将它们放在一个水池中。这次它们并不按颜色分成两群,而是紧紧聚成一团。

　　有一种被叫做"照料外激素"的物质,是鱼类身上所特有的。鱼父母的体表会释放这一化学物质。幼鱼闻到就会找到父母,来到这里找妈妈,以利于妈妈的照料和保护。非洲鲫鱼就是这样的,受精卵在雌鱼口中孵化,幼鱼身上就有了这种物质,一直到独立生活前,总是不离开妈妈的周围。遇到敌人,妈妈就把它们吸到嘴里。这一"照料外激素"化学物质就联系这母子深情,是不是很有意思呢。

岩羊

　　岩羊别名石羊、蓝羊,属于牛科。体长 110 ~ 120 厘米,肩高 60 ~ 80 厘米,体重 45 千克左右。公羊角特别粗大,长约 60 厘米;母羊角很短,长约 13 厘米。通体青灰色,有一条深暗色背中线。上下唇、耳内侧、颌以及脸侧面灰白色。腹部、臀部以及尾部和四肢内侧部呈白色,尾巴尖黑色。母羊毛色较浅。

　　为典型的裸岩区栖息动物,生活在海拔 3100 ~ 6000 米的高山裸岩和草甸地带,结群生活,有负责放哨的个体在群外站岗,一有动静,它就发出警报,全群即迅速逃上峭壁。善攀登跳跃,从野外捕获养殖的成年公羊可以跳到 3 米多高的围墙上,以草类、树叶、嫩枝等作为食物。冬季发情交配。孕期约 6 个月,每胎 1 仔。产于我国西南、西北及内蒙古。属于国家二级保护动物。

第二章 动物趣谈

慈爱的父亲——狮子鱼

狮子鱼生长在白海和巴伦支海的海域。它们的体长有 50 厘米，其外貌也并非慈眉善目，而名称也似乎给人以弱肉强食的凶残印象。可谁曾料想，雄性狮子鱼竟有一颗慈父心和呵护儿女的技艺。

自打雌性狮子鱼在退潮海水的边沿产卵之后，雄性狮子鱼就及时承担了父亲的责任和义务。除了要保护鱼卵免受凶猛动物的伤害外，还要在退潮时，口中含水喷吐到鱼卵上，以保持孵化所必需的湿润。偶尔，它们还使出用鱼尾拍击海水，将溅起的水花喷洒鱼卵的绝招。鱼卵孵化出幼鱼后，它们的慈父爱心并未减退，仍然一如既往地陪伴、护卫在幼鱼群的左右。遇到险情，长着吸盘的幼鱼就向鱼爸爸游去，不一会儿工夫，鱼爸爸的周身就被吸附它身体的幼鱼密密麻麻地簇拥起来。看上去，它们父子间也不知道究竟是谁护卫谁了。慈父就这样满载着吸附周身的幼鱼，游向深海中的安全地带。

"踢粪大王"黑犀牛

黑犀牛天性好斗，视力极差，嗅觉在日常生活中担任相当重要任务。犀牛常在其粪堆上摇晃着巨头嗅来嗅去，偶尔会将角插入粪内。通常是将后腿伸直向后猛一踢，把粪堆踢散，这种动作它们打从孩提时就学会了。对于这种猛踢粪便的习性，有种异想天开的解释是，大象不喜欢看到和它们自己所拉出的粪堆一样的粪堆，为了避免大象的嫉妒而起冲突，犀牛不得不把粪堆踢散开来。另一种任性的解释是，犀牛在拉完大便后脾气很坏，经常于大便后打转，在激怒的状态下踢散粪堆。然而事实上，犀牛走路时始终将头挨近地面，边走边嗅，实际是在嗅它的足迹。犀牛踢粪堆就是为了将粪便留在后脚上，走动时就定下了自己的路迹，标明了领地范围，也可借此减少彼此间相互攻击的行为。

国鸟漫谈

　　世界上许多国家都有国鸟。国鸟通常是为这个国家的人民所喜欢，对该国有特殊意义或具有重要价值的鸟，因此国鸟也是这个国家的象征之一。

　　世界上第一个评定国鸟的是美国。美国的国鸟是白头海雕（白头鹰）。白头海雕是世界著名的珍贵鸟类。美国国会于1782年6月20日通过法案确定白头海雕为美国国鸟，并将白头海雕绘到国徽上。美国的国徽就是一只白头海雕，两只爪子分别抓着象征和平的橄榄枝和象征战争的利箭。

　　英国的国鸟叫红胸鸲，又叫知更鸟。这是一种食虫的益鸟，性情温顺，体态俏丽，雄鸟上胸前有漂亮的深红斑，由于红胸鸲对英国农业生产曾起到重要作用，被英国人民誉为"上帝之鸟"。

　　荷兰的国鸟是琵鹭，素有"鸟中渔夫"的美称，善捕鱼，在荷兰，不少渔民把它作为捕鱼的工具而加以喂养。

　　奥地利的国鸟是家燕，由于家燕善捕害虫，因而被誉为庄稼的"保护神"。

　　澳大利亚的国鸟是琴鸟。这种鸟分布于澳大利亚东南部沿海一带，雄鸟有形似古代七弦琴的尾羽，十分漂亮。

　　希维鸟是新西兰的国鸟，这种鸟羽毛形象蓬松的头发，羽毛呈黄褐色或淡灰色，不会飞，善于奔跑，视力较差，但听觉和嗅觉灵敏，一般在夜间觅食，因叫声似"希维"而得名。

毛里求斯的国鸟是著名的渡渡鸟，这是唯一被定为国鸟的已灭绝鸟类。这种鸟只产于毛里求斯，翅膀退化，不会飞，由于人类的大肆捕杀，其他动物的捕食，这种鸟早在16世纪过后就灭绝了。

除以上国家以外，日本国鸟是绿雉，卢森堡是戴菊，印度为蓝孔雀，丹麦为云雀，斯里兰卡是黑尾原鸡，委内瑞拉是拟椋鸟，智利为安第斯神鹰，阿根廷为棕灶鸟，比利时是红隼。

目前，我国虽没有国鸟，但在明清两代，官员的官服上绣有不同的鸟类，以分等级。一品文官为仙鹤，二品文官为锦鸡，三品文官为孔雀，四品文官为鸳鸯，五品文官为白鹇，六品文官为鹭鸶，七品文官鸂鶒，八品文官鹌鹑，九品文官蓝雀。

"不得不"的狼

狼群的食物分配管理制度：最强壮的头狼先食，其次是身强力壮者，最后是弱小者；一次食物不够，便再次组织进攻，那些没吃饱的饿狼才会拼命向前。狼群的生存机会就这样最大限度的留给了强者。

有人见过一头母狼死后，小狼围在母狼的身边嗷嗷直叫，场面悲惨。可是过了一会儿以后，饥饿难忍的小狼将目前的尸体当作了"最后的晚餐"。而母狼之所以硬撑着回到自己的窝前才死去，想必也是为了最后自己的尸体能给自己的后代多一点生存的机会吧！

"笨拙可爱"的长颈鹿

身高达6米的长颈鹿逃命起来，速度也并不慢，时速居然有57千米。这种生性胆小的动物的天敌是狮子，但是无路可逃时竟然也可以一脚踢死一头狮子。

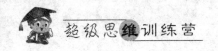

"朝生暮死"的蜉蝣

很多种类的蜉蝣,例如长尾蜉蝣经过长达三年的发育,终于可以从河底浮上来,虽然仅仅有几个小时的生命,却足够让它们飞起来,追逐着交配然后死去。古时文人常以这种小虫的"朝生暮死"来形容人生短暂,因其寿命极短。

"守洞待豹"的北极熊

硕大的北极熊短距离冲刺扑杀海豹的时速可以达到 60 千米。而冬天时,北极熊会不厌其烦的在冰盖上的海豹的呼吸孔旁等候几个小时,并用熊掌将鼻子遮住,以免自己的气味和呼吸声将海豹吓跑。当上浮换气的海豹甫一露头,"恭候"多时的北极熊便以迅雷不及掩耳之势朝其头部猛击一掌,令其一命呜呼,然后咬住不放,在以其神力把肥硕的猎物硬生生地从小小的呼吸孔中拽出来,总是把海豹的肋骨和盆骨劈里啪啦地挤碎。

"疯舞自杀"的北极狐

北极狐由于主要捕食有自杀习性的旅鼠,自身仿佛也被"传染"上了这种怪癖。每到旅鼠繁殖过量的年份,北极狐的生育也相应的激增。但是隔年旅鼠会因为食物的稀缺而引发的大规模自杀,同时新生代的大量成长也逼迫北极狐为了生计开始远走他乡;此时狐群就会莫名其妙的流行一种自杀式的"疯舞病",也许是旅鼠吃多了的恶果。这种病系有病毒侵入神经系统所致,得病的北极狐变得异常激动和兴奋,往往无法自己,到处瞎闯乱撞,甚至胆敢进攻过路的狗和狼。不久后就会死去。

"气泡捕鱼"的座头鲸

大翅鲸的别名座头鲸，出自日文，因为鲸背像琵琶，即日文里的"座头"。它们的"气泡捕鱼法"不得不说是惊心动魄：由数名同伴现在鱼类或磷虾群下方绕圈游行，从喷气孔喷出气体形成气泡，把一片海域内的鱼群全部赶到包围圈内，然后不断缩小圆圈的范围，形成直径达45米的气泡网圈住所有的食饵，然后张开大口，从下方穿越包围圈中心游向海面，无数鱼虾就自动进入其口，吃个痛快淋漓。这种气泡翻动和尾鳍拍动同时也是海上的非常壮观的海景。

"血压子弹"跳蛛

跳蛛身体短粗而扁平，步足强壮，善于蹦跳，娇小的身躯长多数不超过15毫米，却可以跳出20倍身体的距离。它那长满绒毛的腿上几乎没有任何肌肉，不过这并不妨碍它跃起，因为跳蛛是依靠体内血压的变化来完成跳跃的，血液如同出膛的子弹冲到身体后部，巨大的压力推动腿弹跳而起。因其捕食方式像老虎，又爱吃苍蝇，所以就有了"蝇虎"的美称。

"百鸟之妻"大鸨

大鸨过着一种群体生活，据说它们的名字的来源就是因为它们总是七十只在一起形成一个小群体。因此，人们在描述时，就在"鸟"的左边加上"七十"，"鸨"就由此而得名。古代曾流行大鸨是"百鸟之妻"的错误说法：说大鸨只有雌鸟而无雄鸟，可以与任何一种雄鸟交配而繁衍后代。这种错误说法很可能是由于大鸨鸟雌雄的羽毛颜色很接近，同时繁殖期间雄鸟大鸨不孵卵、不筑巢，也不照顾雏鸟，所以在人们的印象中是没有雄鸟的。现

在终于明白了,为什么会用"老鸨"来称呼一种职业。

"贪慕宝石"的安德雷企鹅

安德雷企鹅求偶方式十分有趣,雄企鹅求爱前需要挑选一些卵石作为见面礼,这在冰天雪地的南极是很难找到的礼物。这块小石头的形状和色泽还必须使他的未婚妻感到高兴和满意。然后,它衔着这块石头,去寻找它心目中的娘子。一旦姻缘良机到来,雄企鹅就把这块石头放在雌企鹅的脚边。雌企鹅如果看重,就接受求爱,然后把这块石头衔回事先筑好的巢里,雄企鹅便尾追而去。而雌企鹅如果看不上这块石头,便会拍打翅膀,并用嘴巴去啄让雄企鹅离开。看来金银珠宝之类不只是女人喜欢啊。然而,企鹅之间的爱情是纯真的,当一只企鹅生病或者受伤或处在危险中,它的伴侣也不会离开。人们常常看到这样的场景,成双成对企鹅死在一起,因为它们总是对配偶不离不弃。

和蟒打交道

喀麦隆的少数民族格巴亚斯(GBAYAS)族喜欢一种冒险和最危险的职业——到洞中捕捉蟒蛇。这样,格巴亚斯族的猎人们必须要钻进狭窄深长的蟒蛇洞穴里。他们可能会遇到危险,因为虽然蟒蛇无毒,但它们可以用自己的牙齿把"侵略者"咬伤,或者用身子把猎人紧紧地勒住而使其窒息死。

为了保护自己孵卵的窝,母蟒会张开口露出牙齿,盘绕在几十枚卵上。随时准备噬咬敢于来犯之敌。蟒蛇是一种巨大的动物,长约 10 米,重达 100 千克。除了南美洲长 7 米捕食鸟类和哺乳动物的阿纳肯达蟒蛇外,非洲阿达马瓦地区的蟒蛇是世界上最可怕的。在喀麦隆和尼日利亚边境人烟稀少的阿达马瓦大草原中心地区,格巴亚斯人在夏季,即母蟒在食蚁兽挖出的洞穴中产卵孵蛋季节,便相约前去捕捉蟒蛇。他们用火烧掉荆棘树丛,开辟出长约百米的通往蟒洞的道路。猎蟒人举着火把,钻进狭窄的蟒洞,直至发现蟒蛇。当到达洞底母蟒孵蛋处时,格巴亚斯人将火把放到蟒蛇头边,用火苗遮住蟒蛇的双眼,用另一只手抓住蟒蛇的脖颈。由于看不清眼前的情形,蟒蛇会任人抓住。如果蟒蛇想咬,猎人会把用兽皮包裹着的一只手伸过去让蟒蛇咬住。这样就给猎人一个机会把蟒蛇拖出洞外。向洞外退出是很危险的,因为猎人既要向后倒退,又要防备遭到小虫的袭击,特别是当挖洞的食蚁兽在场时,它们会迅速围上来咬猎人。把蟒蛇拖到洞口时,在洞外的伙伴就抓着脚把猎人拉出来。

蟒蛇一被拖出地面,便开始发起反击,缠绕住猎人的脖子。如果没有同伴帮助把蟒蛇拉开,猎人就会被蟒蛇勒紧窒息而死。

格巴亚斯族是非洲唯一敢于从事这种奇怪生涯的少数民族。人们很少看到他们有人因蟒蛇致死,但尽管他们事先用兽皮包裹了手和小臂,他们在接近蟒蛇时仍会心惊胆战。如今,捕捉蟒蛇的猎人却越来越少,因为格巴亚斯族的年轻人非常害怕,拒绝钻进洞里与蟒蛇打交道。

非洲企鹅要断香火

南非开普敦附近水域沉船漏油事件迄今恶果犹存。油污迅速扩散到邻近的非洲企鹅聚居地达森岛和罗本岛,污染了近 2 万只企鹅。虽然专家和热心的救援人士帮它们清理了身上的油污,但专家发现,在这么多曾被污染的企鹅中,至今只有 7% 能重新繁殖,显示出漏油灾难导致企鹅不育的可怕事实。

许多人都以为企鹅只在冰天雪地下生活,其实不然。全球共有 17 种企鹅,它们分布在南半球各处,生长在南极大陆的是帝王企鹅和国王企鹅,也有几个品种的企鹅来自温带地区,其中包括非洲企鹅。事实上,只有少数品种的企鹅能长期生活在寒冷的北极区。

非洲企鹅又名黑足企鹅或公驴企鹅,成年企鹅体重约 3.4 千克,在企鹅中算是中等体型。它们生长在南非亚纳米比亚,主要食物包括小鱼和甲壳动物。非洲企鹅的天敌包括鲨鱼以及会偷企鹅蛋和袭击小企鹅的贼鸥与多米尼加海鸥。不过,它们的最大敌人始终还是人类:由于油轮翻沉造成的漏油事故和开发资源导致企鹅栖息地被破坏,非洲企鹅的数目在过去30年来大大减少,目前只剩下18万对。

位于南非西南部的达森岛和罗本岛,分别是非洲企鹅最大和第三大聚居地,各住了55000只和18000只成年企鹅。去年的漏油事件,使40000只企鹅被迫紧急疏散,其中19500多只被困在海上而未被污染的企鹅,由工作人员将它们带到800公里外的伊丽莎白港放生。这些企鹅大约花了两周时间游回达森岛和罗本岛,而工作人员就利用这个空当清理海面和岛上的油污。

由于企鹅经常在海面活动,所以它们特别容易收到油污威胁。油污会使企鹅的羽毛失去保温和防水功能,使它们因而冻死或无法潜到海里捉鱼而饿死。另外。企鹅也可能因误吃油污而丧命。仅在去年的漏油事件中,就有2000只成年企鹅和4300多只幼年企鹅死亡。

南非开普敦自然保护处负责人沃尔夫表示,企鹅在经过漏油灾难后,可能需要一段时间才能重新繁殖,因为它们整个生理循环都受到干扰。他说:"企鹅是一夫一妻制的动物,如果它们的伴侣死于漏油事件,或没有游回聚居地,它们便要重新适应生活。"

专家指出,海上的漏油事件使大部分企鹅与伴侣失散,预料将影响今年的繁殖。虽然非洲企鹅原则上对伴侣都非常忠诚,但因清理油污而打乱了换羽毛季节的企鹅,以及那些被迫疏散而迟游回岛上的企鹅,都可能导致它们的伴侣被迫"变心"。

沃尔夫指出,油污的遗祸可能是持久性的,企鹅不育与油污严重危害到企鹅生命有关。沃尔夫表示,开普敦的环保人士将联同美国加州大学合作研究油污是否真的导致企鹅不能生育。

动物也有体语和哑语

我们人类的语言,不完全是有声的。大家看过2007年春晚的《千手观音》吧,是不是很震惊?我们知道聋哑人之间的交流,全部靠哑语,就是规范化了的手势和表情。

在动物界中,也有"哑语"吗?

蜜蜂之间通过舞蹈来"交谈"表达示意。它们用的不都是"哑语",还有"体语",蜜蜂还会用翅膀的振动声的长短,来表达蜂巢到蜜源的距离,振翅声强表示花蜜质量好,相反就表示花蜜的质量不行。我们看到,蜜蜂能通过"舞蹈语言"和"振翅语言",通报伙伴蜜源的方向等具体的信息。

人也曾实验过借助"语言"与动物交流的,如人与狗之间的沟通。人们常说,狗对主人忠诚,狗对主人的声音十分熟悉,稍加训练,就会在主人的口令做出趴、跳、坐、立跑等等的精准动作的。

人类有训练黑猩猩说话的实验。它们的智力在动物界中算是高的了。你肯定去过动物园吧,看到过它们的举动吧?是不是许多地方跟我们类似?

它们没有尾巴,和我们一样有 30 颗左右的牙。胸部长有乳头,猩妈妈还和我们人类的女人一样每月有月经的。怀小宝宝也是需要 9 个月的时间。

在血液成分上也跟我们人类是一样的,很奇特的是它们也有不同的血

型。不知道你在动物园里是不是逗过它们，观察它们的面部，也有喜、怒、哀、乐的表情。但有一点，还真是可惜了，它们的发音器官不如我们人类，仅仅会几种尖叫而已，如果你仔细观察过它们，会发现它们大多利用手势来传情的。

在美国，还真的有这样的特殊的例子。有一对夫妇用美国哑语教一只猩猩给起名叫"美女娃秀"。

"美女娃秀"出生后一年多，就被人捕获，带出了大森林。这对夫妇非常喜爱她，很精心地照顾并训练娃秀。在一起生活的时间里，夫妇给"美女娃秀"创造非常好的学习环境。

这对夫妇怕声音会干扰娃秀接受训练，就特别地对小猩猩，进行手势的特殊的交谈。夫妇经过两年的训练，娃秀能理解领会夫妇的几十种手势呢，最为让人难以置信的是"美女娃秀"，可以在日常生活中灵活运用"吃"、"去"、"还要"等三四十种动作，它还能将一些手势连贯起来如"过来，你看，你闻闻这是什么味道。"

动物的"爱情"

在神秘的动物世界里，爱情仍然是"神圣"的象征。为得到心中理想的伴侣，它们有的温情脉脉，有的浪漫异常，有的以勇武赢得对方欢心，有的甚至甘愿为其送上宝贵的生命。动物绚丽多彩的求爱方式，更是展现了比人类毫不逊色的情感世界。

科学家在实验中发现，雌蜘蛛在接受爱情时十分谨慎，很讲究"门当户对"，坚决拒绝与不同种类的雄蜘蛛"婚配"，不论对方如何想方设法频频示爱，都能抵挡诱惑，不为所动。雄蜘蛛在求爱时有的轻轻地敲打地面或墙壁，有的则是用整个身体猛烈地敲击，而正是这种敲击声音的细微差别，使得雌蜘蛛能够决定是接受还是拒绝"求爱者"。其中有一种叫做蝇虎的蜘蛛，其求爱方式十分有趣：雄蜘蛛首先要在雌蜘蛛面前做一番舞蹈表演，边舞边小心翼翼地向雌蜘蛛靠近。这时如果雌蜘蛛把前面两对足缩到胸前，轻轻抖动它的触须，就表示接受了对方的爱情。于是雄蜘蛛就会迈着轻快的步子爬进网内和雌蜘蛛进行交配。如果雌蜘蛛没有任何表示,而雄蜘蛛却贸然前往的话,则很有可能被雌蜘蛛当作食物吃掉。

在澳大利亚的热带森林里,有一种稀有珍禽——琴鸟。它外形奇特,美丽非凡,还能模仿其他鸟类的鸣声,是多才多艺的"口技大师"。琴鸟的尾巴长得很美丽,雄鸟有16枚尾羽,大部分呈栗色并钩有黑缘。当尾羽竖起展开时,就像古希腊的七弦竖琴,所以称为琴鸟。琴鸟冬季繁殖。雄鸟以娓娓动听的歌声、优美的舞姿以及那漂亮艳丽的琴尾,频频开屏向雌鸟求爱,一会儿站在树枝引吭高歌,一会儿又跳到地面展开美丽的尾羽,反复表演,直至雌鸟来临,雄鸟的尾羽便朝着雌鸟快速颤抖、滑动,不断地展示那美丽的尾羽。

在求爱方面最具有务实精神的动物是螃蟹。它认为举行"婚配"的"洞房"是头等重要的。雄螃蟹在繁殖季节里能花上一个小时的时间在沙滩上挖出一个60平方厘米的螺旋状的洞。一旦"洞房"完工后。它就满怀信心地站在"门口",准备当"新郎"了。只要看见远处有雌螃蟹,便欣喜若狂地用力挥动着它的钳子,直到"新娘""忸怩"地爬进"洞房"为止。

斗鱼生活在中南半岛和我国南方的河流里,身形如梭,体长7~8厘米,雄鱼虽然在与同性争夺配偶时凶猛强悍,但平时却很温顺,尤其是在谈情说爱时更显得温情脉脉。它身披色彩斑斓的漂亮外衣,在河里漫游,寻找着自己的"伴侣",还不时地从嘴里吐出一团团黏性的泡沫,在水藻叶下筑成"浮巢"。雌鱼在整个产卵期大约产卵100~300粒。产卵结束后,雄鱼就将雌鱼赶走,因为雌鱼会自食其卵。雄鱼虽然好斗,但对后代却十分爱护。在卵孵化期间,雄鱼日夜守护在巢边,并不时地吹泡修补浮巢,有脱落的卵或初孵仔鱼,雄鱼便会用口"衔"住,送回巢内。

最近的研究表明,动物的"爱情"可能来自于"犁鼻器官"。因为不论是鱼类、两栖类、爬行类、鸟类和哺乳类,几乎所有的动物都会发出一种叫做"费洛蒙"的化学信息来进行彼此沟通,通常和"性"有关,甚至连细菌都会利用化学信息来沟通。接收这种"费洛蒙"气味的器官可能是藏于鼻内的两个小窝,称为"犁鼻器官"。它从前一直被认为是在演化过程遗留下来的无用器官,而事实上这种器官并未萎缩,也没有退化,而且功能良好,发育的也很好。科学家用"费洛蒙"直接刺激"犁鼻器官",将产生的反应用鼻内的电极

记录下来,同时观察脑电图,结果显示不论雄性、雌性都对不同物质的刺激产生了愉快的反应。科学家推测,"犁鼻器官"会将"费洛蒙"信号传至"脑下丘",以控制体温、血压、甚至荷尔蒙分泌。

鳄鱼从前是吃素的

在人们的心目中,鳄鱼就是"恶鱼"。一提到鳄鱼,立刻会想到血盆大口,密布的尖利牙齿,全身坚硬的盔甲,时刻准备吃人的神态。它的视觉、听觉都很敏锐,外貌笨拙其实动作十分灵活。鳄鱼长这副模样就是为了吃肉,所有的动物包括人都是它的食物,再凶猛的动物见了它也只能以守为攻主动避让,绝不敢轻易招惹它。

全世界现存 25 种鳄鱼。但是,有一支考古探险队在马达加斯加发现了一种从未见过的鳄鱼。这条被命名为狮鼻鳄的鳄鱼,有一张短而有力的嘴,有着像食草动物——食草恐龙一样的牙齿。这种牙齿从没有在以前出土的鳄鱼化石和现代鳄鱼中看到过。这是一种生活在 7000 万年前的食草陆生鳄鱼。

狮鼻鳄是在马达加斯加发现的 7 块鳄鱼化石之一。纽约大学的考古学家、探险队的领队戴维·克劳斯说:"这是至今为止最令人惊奇的发现。不仅因为它是食草的——有一个短得像猪一样的嘴,这是其他鳄鱼所没有的。它的其他特征还让我们相信,这是个陆生生物,而非一般的水生鳄鱼。"

白垩纪晚期是哺乳动物进化史上的一个重要时期,在那段时间里,许多种群开始分化,以适应在不同的小环境下生存。狮鼻鳄就是个很好的例子。戴维·克劳斯说:"鳄鱼从白垩纪晚期日趋多样化,大到 5 米长。小的不足 1 米,以适应不同生存环境的需要。狮鼻鳄就是这种分化后期的品种,但毫无疑问,它与现代鳄鱼不属于同一个支系。"

建立灭绝物种和现代动植物之间的关系,有助于研究过去的地理结构。以往北半球发现的化石比较丰富,在马达加斯加的发现之前,有关南半球,冈瓦纳古陆的化石非常少。对物种在南半球跨大陆发现的早期理论认为,在今天的各大陆之间,有巨大的"桥"相连。但现在,科学家们认为 1.65 亿年前,非洲大陆最早从冈瓦纳古陆分离出去,而印巴次大陆、马达加斯加、南美洲、南极洲连在一起的时间较长,因此植物和动物得以分散到各处。

马达加斯加考古队发现的化石证实了这一假说。"这些动物群化石——包括鱼、青蛙、海龟、哺乳动物、恐龙、鸟,是白垩纪晚期脊椎动物进化的有力证据。"考古学家戴维·克劳斯说,"但物种是怎样,何时传播开的,依旧是博物学最难解的一个谜。"

龟与人类

龟类栖息在地球上已有二亿多年历史,是最古老的动物之一。我国古代人们称龙、凤、麟、龟为"四灵",其中前三者都是人们凭想象而虚构的,唯独龟才是实实在在的爬行纲、龟鳖目、龟科动物。

早在原始社会,龟就作为部落氏族的图腾受到至高无上的崇拜,在人类历史长河中,古人以灼龟甲使其裂变成为五花八门的"龟象"来预测吉凶祸福。自商代始,凡开国庆典、皇帝登基、出征、祭祀等重大活动都先用龟甲裂纹来占卜,并用刀刻其内容传示后代,形成了我国最早的有形文字——甲骨文。这是中华民族极其珍贵的文化遗产。在汉代,皇帝授给诸侯、丞相、大将有龟形印扭(柄)的金印,调动军队的兵符亦称"龟符",并铸"龟鼎"为国家重器。唐朝时,五品以上官员的佩带都以龟为饰,并用龟甲作通行货币。

宋、元、明代,凡庙宇和帝王灵堂均雕塑石龟驮碑镇邪,以示吉祥龟是长寿动物。因龟类都耐饥饿,耐缺氧,抗感染,不生病,是生命力最顽强的动物,所以寿命一般可达100岁以上,1000年以上的老龟也不鲜见。湖北武昌公园曾收藏一只来自神农架的黄板金龟,全长为1.4米,体重达30多千克,据专家测算年龄约3200岁,堪称动物界目前已知的"老寿星"。因此,人们便以"龟龄"来比喻、颂扬受尊敬的老者,祝寿时常送"龟鹤齐龄"或"龟龄鹤寿"之类匾牌,比任何其他礼品都珍贵无比。

龟有灵性,有感情。龟本身是胆小的动物,但家养的龟能主动接近主人,并能表达高兴、求食等感情,当久别重逢时则依恋之情更浓。据报道,被放生的龟连续多年回家"探亲"的故事;安徽肥西县北张乡圩丁村丁文仓,自他父亲7岁时从市场上买回的一只受伤乌龟放生后，连续77年的每年春天都回家探亲一次被传为佳话；更有天津"奇龟流泪谢放生"、沈阳"老龟'挥手'谢恩人"、"海龟百里寻水兵"、"老山龟含泪动手术"、"老龟识途"等传奇故事。

龟是集观赏、食用、药用于一体的有益于人类的珍贵动物。龟肉鲜嫩香酥，营养丰富，是高蛋白、低脂肪、低热量、低胆固醇食疗佳品；龟甲是传统的名贵中药材，且头、血、脏器等都入药，具有滋阴补肾、清热除湿、健胃补骨、强壮补虚等多种功能。对治疗哮喘、气管炎、肿瘤及多种妇科疾病疗效显著。特别是龟血有抑制癌细胞的特殊功效，而构成龟体的特殊长寿细胞能帮助人们延年益寿。我国有龟类5科18属37种，其中属国家一级保护动物1种(四爪陆龟)，二级保护动物7种。近年又从海外引进了部分珍稀品种，如大、小鳄龟等。人们通常把乌龟作为30多种龟的代称，其实乌龟是龟科乌龟属中的一种，又叫草龟或泥龟。

听说过吗？哺乳动物能下蛋

哪些哺乳动物会下蛋呢？大多数是不会的，因为是胎生动物吗。

但是生物学家发现原鼹、针鼹和鸭嘴兽单孔目成员为卵生。它们没有牙齿而却具有喙，也没有外耳，后肢有毒距，所以它们是很少有的有毒的哺乳动物。

单孔目是原兽亚纲现存的唯一代表，也是现存最原始的哺乳动物。

为什么称它们为单孔目呢？因为它们的消化、生殖和泌尿管道均通入泄殖腔，有一个共同的开口，所以得名为单孔目。你看这类特征是不是更接近于鸟类和其它哺乳动物不同？

但是这些单孔目成员也具有很多哺乳动物的特征呢。过来看啊，你看看它们体表被毛，也是通过哺乳来养育下一代的。它们的心脏是有四个室的，同时它们的体温是比较恒定的。还有它们的脑袋相对其他动物较大，而且也比较发达，他们的下颌是由单块齿骨构成的——这一特征就是区分哺乳动物和似哺乳爬行动物的主要特征。

　　针鼹和鸭嘴兽就是单孔目动物,平时说的刺食蚁兽就是身上即有毛又有棘刺的针鼹,喙长,主要是以白蚁等为食,针鼹擅长挖掘。针鼹是卵生的单孔类,却也有育儿袋,卵在育儿袋中孵化,孵出的幼仔在袋中继续生活。是不是很有意思啊?

　　我的名字叫鸭嘴兽,你去动物园,见过我们吧? 我们就是爬行动物向哺乳动物演化的"活化石"呢。我们是单孔目的代表了,我们还是澳洲的象征性动物之一。

　　中国国宝是大熊猫,澳大利亚国宝动物是鸭嘴兽。澳大利亚政府已制定法律保护我们,严禁捕猎,法律上还严格控制活体和标本的出口。

　　更有趣的是,澳大利亚政府还利用我们对水质污染的敏感性,将之用于对水质的检测。此外,我们也得到了来自国际动物保护组织的格外关注。

　　我们的最显著的特征是拥有一张似鸭子扁平的嘴,别看我们的嘴这样子,我们的触觉可是相当的灵敏呢,我们可以用这样的嘴巴在浑浊的水中寻找猎物。我们的脚上有蹼,看看我们的尾部就像河狸一样,我们可还是擅长游泳的健将呢,我们一般是在早晨日出前后或者是在黄昏时分进行觅食活动的。

你可别小看我们,虽然我们是体型最小的单孔目动物,但是我们能够适应水路两栖的生活,知道我们的家在哪吗?我们的家在溪流或湖泊边挖穴居住,在水中捕食鳌虾等水生动物。

我们用乳汁哺育我们自己的孩子,看我们也是浑身被毛,我们的心脏里也是具有横膈膜的,这些都是哺乳动物的典型特征。所以我们自豪地说,我们是哺乳动物!但是我们不属于典型的哺乳动物,不少人把我们归类于现存的最古老、最原始、最低级的哺乳动物。

我们在每年10月左右会进行交配,不久之后妈妈就会产下1~3枚软壳蛋,每枚蛋的直径不足2厘米,然后我们会像鸟一样开始孵蛋。不久之后,我们的宝宝小鸭嘴兽就会被孵化出来。刚出生的我们的小宝宝,体小无毛、嘴短眼闭,十分可爱。

我们的哺乳方式在哺乳动物中是独一无二的。不要笑哦,我们是没有

乳房的,我们的孩子无法用奶头吃奶。我们孩子的妈妈的乳腺位于腹部,乳汁从一个小孔顺毛流出。孩子在吃它们妈妈的奶时,必须努力地爬到妈妈的腹部上。妈妈的腹部中线有个沟槽,奶水就流入无毛沟槽,因为此处无毛孩子用舔食的方式吃奶。

有时间的话到我们的家附近转转,我们把家安在河边,我们的家可是我们亲手盖起来的——用尖钩爪子拍打出来的。我们的食物以水中的鱼虾等生物为主。

生存至今,我们智力水平也不低呢,能适应各种自然条件。我们属于低等哺乳动物,但我们却有锋利的脚爪,后脚踝长有毒刺。我们中的鸭嘴兽爸爸后脚有刺,喷出毒汁能伤人,类似蛇毒,被毒刺伤了至少要疼痛几个月才能恢复。

鸭嘴兽妈妈长的"护身符"——毒距,能够防御敌人的偷袭,长到30厘

米就自动消失。你知道吗?

我们还具有超强的游泳与潜水本领呢,你看我们的尾巴大又扁,占我们的身体的四分之一长,水里游就靠它呢,像船的舵一样。

我们在水中游泳是闭眼的,靠电信号及其敏感的触觉找食物。我们的皮毛有油脂,多冷的水中都能保温的。

见过我们的人都说我们长得实在太怪异了。但是我们可以自豪地说:"在动物界,我们没有真正意义上的天敌!羡慕吧?"

我们还是人类在学术上的研究对象,直到今天,我们没有灭绝,但也没什么进化,奇特又奥妙吧,是不是我们充满了神秘感?我们只喜欢澳大利亚这环境。可是人类做标本要我们的毛皮,总是滥捕我们,使得种群严重衰落,我们差点绝灭了。

由于我们的特殊性和数量逐渐地变少,我们已列为国际保护动物。澳大利亚政府已制定出保护我们的法规呢。同学们,救救我们吧,呼吁一下,别让人们捕杀我们好吗?

动物为何热衷"婚外恋"

科学家发现,在成双成对的鸟类和哺乳动物中,大约只有10%伴侣一心一意,白头偕老。

研究表明,动物在繁殖期与其配偶之外的异性交配,可以使后代获得种群重要的遗传优势。雌性动物寻求外遇是为了使后代获得优秀的基因,而雄性动物是为了有更多的儿女。即使是看起来用情最为专一的动物夫妻,也常常会去附近的巢穴或群落寻找陌生异性。

美国康奈尔大学进化行为专家斯蒂芬·埃姆伦说:"实际上,真正的原配关系在动物中是极为罕见的。"他认为:"社会学意义的一雌一雄"关系比较普遍,是指动物结成配偶,一起培育后代,而"遗传学意义的一雌一雄"关系则是凤毛麟角,是指动物对性伙伴的忠贞不渝。他说,在灵长目动物中,只有两种猴子——狨猴和绢毛猴能够真正地做到从一而终。大多数灵长目动物并不要求自己对配偶忠诚,因此难以肯定雄性动物是否知道群体中哪些小辈是自己的后代。

多年来,人们一直认为鸟类对配偶的忠诚十分普遍。例如东蓝鸲,甚至被人们当作是爱情专一的象征。然而事实上,东蓝鸲的性关系十分复杂。佐治亚大学的行为生态学家帕特里亚·戈瓦蒂发现,一对共同生活的东蓝鸲所抚养的后代中,有15%～20%不是雄鸟的亲生后代。戈瓦蒂报告说,在180多种一雌一雄生活的鸟类中,只有大约10%仅与配偶发生性关系,90%都有拈花惹草的行为。

为什么动物热衷"婚外恋",对婚姻不忠呢? 专家埃姆伦说,雌性鸟和雌性哺乳动物之所以在配偶之外寻找性伙伴,可能是生物学原则起作用的缘故,即为繁殖尽可能优秀的后代。这种推测是否正确,还需要研究来加以验证。

埃姆伦说,一些研究已经证明:"与素质很高的雄性结伴的雌性动物没有外遇。"这样的雌性动物相信它们已经拥有了最好的配偶,便别无他求了。

一些研究指出,雄性动物在生物学法则的驱使下四处交配,为的是使尽可能多地留下其后代。在狮子、猩猩和灰熊之类的动物中,由于受生物冲动驱使,为了影响后代的遗传特性,处于优势地位的雄性会杀死甚至吃掉年轻同性竞争者。

然而,导致人类寻求外遇的冲动要远为复杂,专家提醒人们不要从动物研究结论中"简单化地"推断出有关人类生活现象的结论。

研究人员一般认为,在一雌一雄成年动物抚养幼仔的种群中,幼仔的存活情况最好,单配制最早就出现于此类种群,这也许是人类出现一夫一妻制的原因,因为儿童成长需要很长时间。

研究发现,一种对配偶最为忠诚的动物是美国加州褐鼠。基因检测表明,不管是雄的还是雌的加州褐鼠,对于来自巢穴外的性诱惑,都能视而不见。加州大学的戴维·古伯尼克在《科学》杂志发表报告称,加州褐鼠之所以对配偶没有二心,可能是因为小褐鼠出生后的整个冬天,都需要父母双方悉心照料。为让小褐鼠活下来,褐鼠父母必须把它们拥在怀中,温暖它们的身体。如果雄鼠出走的话,雌鼠会杀死或遗弃小鼠,如果雌鼠出走,小鼠将会饿死。

神奇的动物本能

美洲虎喜欢竞争

美洲虎长得像一只大豹子,它们是美洲最大的猫科动物,体重达90公斤。美洲虎曾生活在美国,而现在除南美和中美洲之外,已很难见到它们的身影,事实上,现在世界上的美洲虎仅存17只,已经属于极濒危物种。

秘鲁的国家动物园里生活着一只美洲虎,它简直称得上是镇园之宝。园内的人对它照顾得无微不至,他们先是跑马圈地,圈出6万多平方米的绿地,让它自由自在地占地为王。为了使这里更像一个真正的自然保护区,在这片绿地上还放养了一大批食草动物。令人称奇的是,这只美洲虎一直和食草动物和平共处,牛、羊、虎、兔们毫无后顾之忧,因为这只虎根本懒得理它们,它整天躺在装有空调的虎房里,不是睡就是吃饲养员送来的按营养比例调配好的肉,吃饱喝足了仍是一副无精打采的样子。而野生的美洲虎本以身手矫健闻名,它们长于爬树和游泳,在河边它们甚至会用一只脚爪伸到水里去抓鱼,很少空脚而归。

看到园里的虎如此懒散,人们很替它着急,于是就以人类自己的心理去揣测它,想来想去觉得它精神状态不佳是因为孤独。于是秘鲁人民开展了一场募捐活动,大家爱虎心切,纷纷慷慨解囊,动物园募到大笔款项,之后又通过外交部与哥伦比亚和巴拉圭达成协议,定期从他们那里租借雌虎来给这只雄虎做伴。

然而,领地上来一只异性,也没有引起它多大兴趣。生活轨道一如既往。还是一位来自野乡间的农人偶然到动物园参观,见到此情此景,不由大发感慨,说这么大的区域让它独自生活,衣来伸手饭来张口,它还能有什么活力可言。生活在没有竞争对手的环境里,别说动物了,就是人也会变得死气沉沉。

见他说得有理,动物园便从善如流,经过论证,决定在这一片地区投放进3只豹子和两只狼。这真是一剂灵丹妙药,自打来了敌手,美洲虎的精神跟着来了。它总是东走西看,明察暗访,再不肯回虎房去睡大觉了,连饲养员送来的肉块也不屑一顾了。管理人员说,它简直就像变了一个"人"。更令人惊喜的是,没过多久,它就让它的女人——那只巴拉圭来的雌虎有了身孕并产下了健康的虎崽。

动物的"葬礼"

在动物中,很多种类都会对死亡的同类表现出一种"恻隐之心"或"悼念之情",并且举行各种各样的"葬礼"。

生活在我国云南南部西双版纳的亚洲象的"葬礼"极为隆重。当一头象不幸遇难或染疾死亡后,象群便会结队而行,在首领的带领下将死者运送到山林深处。雄兽们用象牙掘松地面的泥土,挖掘墓穴,将死者放入后,大家一起用鼻子卷起土块,朝死者投去,很快将其掩埋。然后,首领带着大家一起用脚踩土,将墓穴踩得严严实实。最后,首领发出一声号叫,大家便绕着"墓穴"慢慢行走,以示哀悼。

栖息在澳大利亚草原上的一种野山羊见到同类的尸骸便会伤心不已,它们愤怒地用头、角猛撞树干,使之发出阵阵轰响,颇似人类"鸣枪志哀"的场面。生活在炎热非洲的一种獾,常常采取"水葬"的方式处理死者。一旦有同伴死去,群体就立即聚拢过来,小心翼翼地将同伴的尸体拖入江中,伴随着滚滚的江水,仰头呜咽不已,表示哀悼。

猕猴的情感更为深沉。老者断气以后,后代们就会围着它凄然泪下,然后一齐动手挖坑掩埋。它们把死者的尾巴留在外边,然后静悄悄地观察动静。如果吹来一阵风,把死猴的尾巴吹动,就兴奋地把死者再挖出来,百般抚摸,以为能够复活。只有见到死者毫无反应之后,才无奈地重新将其掩埋。

在鸟类中,鹤类是极富情感的种类。生活在北美洲沼泽地带的美洲鹤,如果发现死亡的同类,便会久久地在其尸体上空盘旋徘徊。然后,由首领带着群体飞落地面,默默地绕着尸体转圈,悲伤地"瞻仰"死者的遗容。生活在亚洲北部的灰鹤则停立在尸体前面,发出凄楚的叫声,眼中似乎泪光闪闪,垂首泣涕,似乎在召开庄严肃穆的"追悼会"。

在南美洲亚马孙河流域的森林中,生活着一种体态娇小的文鸟,它们的葬礼也许是动物世界最为文明的一种。它们用嘴叼来绿叶、浆果和五颜六色的花瓣，撒在同类的尸体上，以示悼念。同样栖息在南美洲的一种秃鹫，则选择了"崖葬"的方式。当同伴死后，大家就将尸体撕成碎片，然后用利爪将这些碎片送到高山崖洞之间。放好之后，在崖洞的上空不停地盘旋，以默念死者"归天"的亡灵。

乌鸦的"葬礼"是大家在山坡上排成弧形，死者躺在中间。群体中的首领站在一旁发出"啊，啊"的叫声，好像在致"悼词"。然后有两只乌鸦飞过去，把死者衔起来送到附近的池塘里，最后大家由首领带队，集体飞向池塘的上空，一边盘旋，一边哀鸣，数圈之后，才向"遗体"告别，各自散去。

动物也会避免近亲繁殖

人类为了避免近亲繁殖制定了许多法律措施，其实动物也很忌讳近亲繁殖，因为近亲繁殖会产生很多不良后果。无论是人工饲养的猪羊鸡狗等家畜，还是狮虎豹等野生动物，近亲繁殖产生的后代都往往体弱多病。存活机会较少。这是由于许多遗传基因只有在它们并存于双亲的基因中时才显现出其消极的一面，而双亲的亲缘关系越近，它们的基因特性雷同的机会就越大。

在一般情况下，动物同人一样，很少发生"乱伦"的现象。幼仔一旦发育到能够独立时，就会离开旧巢，到另外一个地区去寻找伴侣。比如鲸类在群体中同它们的家庭成员从不发生性关系，而是在出生的群体之外去寻找配偶。分子生物学的研究结果表明，它们的双亲总是属于不同的群体。对生活在澳大利亚的一种被人们误认为最有近亲繁殖嫌疑的鸟类的遗传物质的分析也可以看出，它们也在避免近亲交配，虽然每四窝鸟中可能有两只有近亲相交的现象，但这种鸟类却有许多"外遇"现象，使它们的后代有60%是从这样的接触中产生的，因此总的看来近亲繁殖率并不高。

在动物界中，如果除了近亲之外一时没有别的配偶选择，则常常表现为耐心地等待。例如非洲狮雌兽的一生在大多数时候是在同一个群体中生活的，它们必须接受固定的群体首领作为它们的性伴侣。有趣的是，如果作为首领的雄兽是一些年轻雌兽的生父,那么这些年轻雌兽的性成熟期就会明显推迟。如果这头雄兽的首领地位被另外一头雄兽所取代,那么这些年轻雌兽的性成熟期就会大大提前。

动物们是如何知道它们是近亲的呢?通常仅仅是依靠一条最简单的规则,即早年一起长大的伙伴通常就是家庭最亲近的成员,因此不宜交配。不过,许多动物即使原先没有接触也能分辨出最亲近的家庭成员,例如性交频繁的田鼠即使在出生后立即被分开,直到性成熟的时候才又相聚,也能认出自己的兄弟姐妹,并且采取回避措施。

许多动物虽然不能直接认出它们的亲属,但还是能够避免近亲交配。例如蟋蟀和青蛙明显地更喜欢血缘较远的性伙伴,这可能是它们能从身体气味上辨认血缘关系远近的缘故。

白化动物

俗话说:"天下乌鸦一般黑。"但在我国湖北西北部的神农架地区。不仅可以发现白色的乌鸦,而且还能见到白蛇、白龟、白獐等许多白色动物。

对于自然界中的物种来说,同一个物种的成员彼此的形态结构都是十分相似的,但在高等动物中,偶尔也会出现有异于同种动物的个体,特别是在羽色或毛色等体色上与同种动物的其他所有个体有着明显的差别,但在其体内结构与各种脏器上与同种的其他个体并无差异,也具有繁殖后代的能力。这种体色异常的个体一般都呈白色,所有被叫做白化动物。

在自然界中也有很多动物的毛色或羽色是白色的,如北极狐、北极熊、白天鹅和白鹭等,它们并不是白化动物,其白色的体色是由显性基因的正常表达。而白化动物是一对隐性基因纯合子的产物,虹膜大多为红色,往往还同时携带着其他对其自身不利的因素,如怕光、眼球震颤、皮癌等,另外在自然界中也容易为天敌所发现而受到攻击,所以比正常个体难于存活。不过,在人工饲养的动物中,白化现象却很常见,如白兔、小白鼠、大白鼠、白马和白玉鸟等,它们是在长期人工精心选育和保护下培育而成的,能够正常地繁衍后代。

白化动物大多发现在爬行类、鸟类和哺乳类动物中，其中以哺乳类中发现的种类较多，包括白蛇、白龟、白环颈雉、白乌鸦、白兔、白鼠、白猴、白狐、白狮、白虎、白骆驼、白牦牛等等，不胜枚举，人类也有这样的个体，属于白化病，俗称为"天老儿"。白化动物在我国古籍中和民间多有记载，如《史记·五帝本纪》中关于白熊的记载、《魏略辑本》中关于白麋的记载和《白蛇传》等民间传说，清朝宫廷画家、意大利人郎世宁还依据宫中所藏的贡品，创作了很多有白化动物的画。据说湖北神农架一带是白化动物出现最多的地区，1987 年曾发现白龟，全身为白色，只有双眼鲜红，颈部透明，很像一个雕刻的艺术品。

基因影响动物体色的途径是十分复杂的，主要是控制酶的活性，通过酶来控制体内的生化反应过程，最后决定了动物的形态。在正常动物的体内，一些苯丙氨酸参与构成动物体的蛋白质，另一些苯丙氨酸则转变为酪氨酸，经过酪氨酸酶的作用最后形成黑色素。而在白化动物体内由于缺少酪氨酸酶，所以不能合成黑色素，形成了白化现象。

1977 年 11 月，在台湾中央山脉花莲县的内陆深山中，捕获了一只体色纯白的幼年白化型台湾猴雌兽，被取名为"美迪"。这种完全白化的灵长类动物在自然界是非常罕见的，西班牙人曾于 1966 年在赤道几内亚捉获一只白色大猩猩，后来饲养在西班牙巴塞罗那动物园，被视为举世无双的珍奇动物；我国在广西大新县曾发现若干白色的黑叶猴，捕获到的一只，被放在柳州市的柳侯公园中展出；另外据说分布于我国的金丝猴也有白化型，有人曾在湖北西部神农架林区考察时见到过一些白色的金丝猴，但没有捕到。因此，"美迪姑娘"马上轰动了整个世界，美国、英国以及世界各国的新闻机构大多报道了这件"奇闻"。甚至连包括法国总统德斯坦、英国女王伊丽莎白二世、埃及总统萨达特、加拿大总理特鲁多等许许多多的人们都写信要求提供资料、照片，好一睹"美迪姑娘"的风韵。由于"美迪姑娘"已经到了"出嫁"的年龄，仍然没有合适的"白色"配偶，便在 1980 年 7 月 5 日由台湾各报向全世界发出了"征婚"启事，为"美迪姑娘"寻觅一位"如意郎君"作为伴侣，希望能继续繁育出纯白的后代。恰好我国云南省永胜县在 1980 年 9 月捕获一只毛色纯白的猕猴，收养在中国科学院昆明动物研究所，名叫"南南"，便发出了"应征"信。它们不是同一物种，但亲缘关系也非常接近，交配之后能否繁衍后代虽然并无十分把握,但这段"姻缘"如果成功,不仅可以探索许多动物学、遗传学上的诸多悬而未决的学术问题,而且可以促进海峡两岸学术交流活动的广泛开展。虽然很多人都在积极地奔走,以便促成这件好事,但是由于种种原因,人们这个美好的愿望终于未能实现,"南南"和"美迪"最终没有成为眷属。

鱼类的"生儿育女"

鱼类是具有惊人繁殖能力的动物。然而,它们在生儿育女方面从来就是广种薄收、惨淡经营的主儿。鱼类大多都是产卵繁殖。鳊鱼每次产卵约2.5万颗。鲤鱼和狗鱼每次产卵10万颗,冬穴鱼30万颗,山鲶50万颗,大鲟鱼和鳕鱼高达几百万颗。产卵为世界之最的翻车鱼,一次产卵3亿颗。鱼产卵后大多对其后代的生死存亡置之不理,因此,它们的儿女中只有百分之几能长成大鱼。

但鱼类动物中也有极个别的关心其后代的健康成长。刺鱼就具有筑巢和护卫鱼卵的天性,处在交尾期间的雄性刺鱼,拥有美艳的肌肤体色,它们不辞辛劳地将水生植物的枝茎铺就在事先掘出的小坑里,巢的顶盖和墙壁也择取同样的建筑材料。这些筑巢的草茎枝叶均用黏液粘得坚实牢靠。有的刺鱼也将圆球形的巢悬空构筑在水生植物中间。"产房"落成之后、雄鱼将雌鱼引领其中。雌鱼产卵后便弃巢而去,而雄鱼则坚守岗位,在巢中护卫鱼卵,并不时地摆动鱼鳍,让巢内始终有活水循环,促进鱼卵发育。甚至,待到幼鱼孵化出来后,雄鱼仍然在一定的时间内呵护它们健康成长。

某些养在鱼缸里的观赏鱼(如斗鱼)也是由雄性来筑巢的。只不过,它们从不用植物作为建筑材料。而是选用一种取之不尽的特殊建材—用鱼嘴加工而成的空气泡。雄鱼设法使每个气泡中都有一颗鱼卵,而且要求气泡分布均匀。这些工作都是靠一张鱼嘴去完成的。倘若有鱼卵不幸沉入水底,雄鱼会尽心尽职地将它们打捞起来,重新置入水中悬浮的气泡里去。在鱼卵孵化的整个周期里,雄鱼都一丝不苟地不断调整气泡的位置使它们均匀分布。小鱼孵化出来以后,雄性斗鱼不仅要防范其他鱼类的伤害和攻击,

神奇的动物本能

同时也要防止产卵雌鱼吞食亲生子女的悲剧发生。其至还要向敢于伸进鱼缸的手指发起攻击,以确保幼鱼的安全。

真的,能复活

复活多与宗教有关。人死了,尸体就会腐烂,是不能复活的。但是对于个别动物是能够复活的。你信吗?

科学家们通过实验,观察到许多正常干燥动物、生物死而复活的现象。

科学家做过蚯蚓的实验:把蚯蚓放在里面有吸水剂的玻璃罩里,蚯蚓被吸水剂吸掉水分,由于水分严重流失,皮肤变成了皱。蚯蚓放进来后体重减轻3/4,体积也缩小了一半,像是死了一样。科学家把干蚯蚓放到潮湿的滤纸上,惊奇地发现干瘪的蚯蚓膨胀起来死而复生了。

科学家做了这样一个实验,从水中捞起一条金鱼,在空气中让它的表面稍微干些后,置于低达-200℃的液态空气中。十几秒钟后,金鱼被冻僵,再将金鱼放回温水中,惊异地发现金鱼会再次复活,动起来。

科学家认为动物的复活,分为冰冻复活和干燥复活。但是需要强调的是这种情况下的动物,实际上内部的系统是都没死的,那么用"死而复活"来形容其实是不恰当的。实验中动物"死亡"时间短你可能怀疑的,那么来看看下面的事实吧。

曾经有个法国人,在劈石头时,在一块石头里发现了4只蛤蟆,经过相关的考证,发现这块石头是石灰岩,据当时已经有100多万年了,让人不解的是这些蛤蟆居然还能活动,简直让人不敢相信自己的眼睛了。

在墨西哥也发生过同样的例子,一个石油矿工人,挖出一只青蛙,经推测它在地下已经沉睡200万年了,被挖出来后,竟然复活了,在空气中存活了两天呢。

简直是个谜,无法解开。对于这种复活,很容易使大家想到:用干燥或冷冻的方法,使动物或人固定一定时长,使其在这一阶段中停止生命活动,然后等时机成熟再使他复活,至少可以延长人的生命呢。

大家与科学家想到一块去了,人们的设想其实早已经变为现实了。医学早开始利用这一原理给人治病了,还真的成功了呢。医院中将一肿瘤患者的身体冷却5天5夜,然后将病人放在温暖的地方,患者真的醒过来了。就这样地经过几次人工冷却睡眠,肿瘤患者的病情还真的奇迹般的好转起来了。

这项试验的成功,让我们对延长生命充满了信心。不用为长生不老药的研制而费尽脑汁了。

不会飞的鸟

世界上最大的鸟类是非洲鸵鸟,但鸵鸟是一种不会飞的鸟。

鸵鸟不会飞主要是因为它太大,而且它的翅膀又极度退化,小得与它的身体的其他部位极不相称。鸵鸟高达2~3米,从它的嘴尖到尾尖长度有2

米,体重 90 千克左右。这么重的身体,靠它那对长着几根羽毛的翅膀是飞不起来的。鸵鸟虽不会飞,但跑得非常快,能追过良种赛马,而且它的脚力很大,大脚迈出可以击伤人。

不会飞的鸟还有企鹅。企鹅的翅膀已转化成一种特殊的鳍脚。因为生活环境的影响,企鹅的翅膀已不再是飞行的工具,而是企鹅在水中游动时的"双桨"了。

在新西兰还栖居着一种人们不大熟悉的鸟,这种鸟叫几维,也叫无翼鸟,它的翅膀几乎完全退化,没有任何运动功能,几维无翼,自然也是一种不会飞的鸟了。

"倒行逆施"的蜂鸟

要说是鸟却不会飞,这会令人奇怪,但要讲能飞的鸟类中,还有会倒着飞的,那就更稀罕了,蜂鸟就是这种专门"倒行逆施"的飞鸟。

蜂鸟是世界上最小的鸟类,身体只比蜜蜂大一些,它的双翅展开仅 3.5 厘米,因此,蜂鸟只能和昆虫一样,用极快的速度振动双翅才能在空中飞行,双翅振动的速度达每秒 50 次。蜂鸟不仅能倒退飞行,而且还能静止地"停"在空中,当它"停"在空中时,它用自己的细嘴吸取花中的汁液或是啄食昆虫,这时在它身体两侧闪动着白色云烟状的光环,并发生特殊的嗡嗡声,这是蜂鸟在不停地拍着它的双翅而产生的光环和声响,蜂鸟的嘴细长,羽毛鲜艳,当它在花卉之间飞舞时,像是跳动着的一只小彩球,非常好看。

所有鸟类都有一个共同的特点,就是新陈代谢非常快,而这种微小的蜂鸟表现得更突出。它的正常体温是 43℃,心跳每分钟达 615 次。每昼夜消耗的食物重量比它的体重还多一倍。蜂鸟大约有 300 多种,绝大多数都生活在中美洲和南美洲。

有趣的鸟类居室

像人类要盖房子安居一样,鸟类的居室其实就是它的窝巢。盖什么样的房子,用什么建筑材料构建居室,以及把房子建在什么地方,百鸟百态,十分有趣。

　　燕子称得上是大师级的能工巧匠。它以巧夺天工的泥塑工艺来建"房",那一嘴接一嘴衔来的一小团一小团的泥土和黏土,是用燕子口中产出的天然粘合剂——唾液来黏结成型的。半球形的是家燕的栖息空间;毛脚燕的"居室"上部封闭不见天日,出入经过侧门;金丝燕盖"房"用料考究,它口衔嘴叼,用自身的唾液混合海藻筑巢,难怪,人们都将这种上等"进口"材料盖的房当作滋补珍品享用,不知有多少燕窝葬身于人腹,好端端的"房子"硬是让嘴馋贪吃的人吃掉了。一种名叫格伐杰玛的雨燕用植物的纤维和唾液筑巢,由于选用了质轻而又极具韧性的建筑材料,因此这种"房子"可以高高地悬挂在细小的树枝上。攀雀的巢也都悬挂在细长的树枝上,它是用植物的茸毛建造的,质地更柔软更轻巧,看上去攀雀的居室更像是羊毛毡子制成的曲颈瓶。住在这样的房子里,它们便成了"瓶中鸟",而不是通常所说的"笼中鸟"了。

　　椋鸟、啄木鸟、鹗和山雀都是在树洞里安家建房的。它们当中,只有啄木鸟是靠自己的辛勤劳动,用嘴啄出树洞来,其余的鸟都是不劳而获地利用啄木鸟用过的旧树洞或天然形成的树洞,这样它们就只能一辈子都住旧房子了。

　　翠鸟(又叫鱼狗)和灰沙燕专门选择在陡峭的河岸上凿洞挖穴,它们在不辞辛劳挖掘出来的狭长洞穴的尽端,拓展出一个较大的空间。翠鸟是吃鱼的鸟类,它甚至也选用鱼骨和鳞片作为室内装修材料一翠鸟的巢里铺满了鳞片和鱼骨。

　　雕、鹰和鸢是一些性情凶猛的禽类,别看它们体形硕大,盖的"房子"也很宽敞亮堂,但工程质量却很糟糕。它们的巢是用粗细不等、长短不齐的树枝搭起来的,看上去就像是人们盖楼房搭起的脚手架一样,既简陋又很粗糙。与之形成鲜明对照的是,在俄罗斯有一种极普通的鸟燕雀,却精心设计、精心施工,建造了极为精致的居室,它们精选建材一将地衣、青苔和榆树皮由表及里地编织成了精美绝伦的房子,这种鸟巢伪装得就好像生长着地衣的树干和树枝。

　　值得一提的是非洲厦鸟,单从名字里的一个"厦"字就可以看出它们的

神奇的动物本能

建筑天赋。厦鸟结成群体共同建造一个伞形的公共棚屋,然后再在同一个屋顶下,成双结对的鸟又各自分别盖自己的小屋——挂巢,这种集体宿舍楼似的鸟巢(公共棚屋)外形像一口大钟,而各自独立的挂巢又像是钟摆,风儿吹来,似乎还会发出金属的声响呢!

鸟窝掏鱼

曾有一位研究鸟类的科学家,为了研究鸟的生活习性,爬上下一棵高大的松树,当他将手伸进松树上那个巨大的鸟巢时,出乎意外的事情发生了。摸到的不是卵和雏鸟,而掏出的竟是一条肥大的狗鱼。科学家大惑不解。其实,这并不是狗鱼把窝筑到松树上去了、而是它一不留神就成了鱼鹰的"战利品"。原来,鱼鹰这种猛禽专捕食鱼类,当它在水面上空飞行时,锐利的目光却在高效率地工作,一旦发现目标就俯冲击水,爪到擒来。

鱼鹰除了爪长趾尖外,爪掌下面所覆盖着的一层结节,能确保光滑的鱼身不会从它的掌中脱落。

那位科学家从鸟窝里逮到的鱼,恐怕是一份重量级的"战利品"。鱼鹰还没来得及饱餐一顿,那鲜活的狗鱼转眼工夫又成了科学家的囊中之物了。

鸟类有乳汁吗

人们历来将"鸟乳"作为不切实际的事情和绝对行不通之类事物的代名词。鸟类似乎是绝对不可能有乳汁的。但斑鸠产乳恐怕是鸟类家族绝无仅有的唯一例证。斑鸠的乳汁不是由乳腺而是由嗉囊内壁的一种再生作用所产生的。这种不可多得的鸟乳时常与潮湿的谷物混合起来,成为斑鸠幼鸟的可口食物。更令人称奇的是,斑鸠不论雌雄都能产乳汁,因而其父母双亲都能承担养育雏鸟的职责。同哺乳动物的生理机制一样,斑鸠的乳汁分泌也是受脑垂体前叶激素(催乳激素)控制的。

它哭得好伤心噢

　　同学你去过北京动物园吧？那么在动物园的蛙馆里，你肯定见到它们的。她们就是灰褐色珍贵的娃娃鱼。你看它们体表光滑无鳞但是却有斑纹，如果将她们捞起来，你会发现它们全身满是黏液，她们的腹部的颜色比背部颜色要浅。

　　娃娃鱼头部扁圆，嘴很大，但是它们的眼睛没有眼睑。它们的身体前部扁平，至尾部逐渐转为侧扁。

　　它们的身体两侧有明显的肤褶，四肢短扁，尾巴是圆的上下都有鳍状物。更奇怪的是它们的指和趾，你数过吗？我来告诉你吧，娃娃鱼的指和趾的分布为前四后五的，奇怪吧！

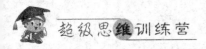

你有没有听说过它们还会哭呢！有谁真的听过娃娃鱼"哭"呢？现在，动物园里就可以听到它们的"哭声"了。它们的叫声和人类婴儿的哭声是一样的。让我们去看看……

娃娃鱼学名叫大鲵，是现存最大的、最古老的两栖动物。因为它们叫声像娃娃哭，就叫它"娃娃鱼"了。娃娃鱼只在我国有，是国家二类保护水生野生动物。它们是三亿年前与恐龙同一时代生存的珍稀物种，很不容易延续下来了，是现存最大的两栖类动物，被称为"活化石"。

娃娃鱼心脏构造非常特殊，有爬行类动物的特征。娃娃鱼是现存两栖动物中最大的一种。成年的体重可达几十千克，长度可达1米多。

一个很有趣的现象，娃娃鱼刚出生用鳃呼吸，长大就用肺来呼吸。只要你仔细观察，会发现它们非常有趣，手指头只有四根，但后肢却有五根脚指头。它们体表光滑、满布黏液，这可是御敌法宝，遇到敌人就放奇特臭味，把敌人熏得只能离开了。

娃娃鱼生性凶猛,肉食动物,偶尔也吃虾、鱼、蟹、蛙、鼠、鸟等。娃娃鱼的捕食方式非常的特别——"守株待兔"。隐居在水面以下山溪的石隙间的洞穴里。

它们白天在家中呼呼睡大觉,夜夜晚就守在滩口石堆中,等待食物的到来。一旦发现猎物,就突然袭击,它们的牙齿尖而密,一般咬住猎物是逃不掉的,但是娃娃鱼的牙齿不能嚼,只好将食物囫囵吞进肚,在胃中慢慢消化。

娃娃鱼很能耐饥。它们平时总是一动不动的,看上去非常懒惰的样子。

你知道吗? 这是娃娃鱼家族能活到今天的原因。娃娃鱼能保持一动作几个小时丝毫不动,生命几乎处于静止状态。

由于新陈代谢缓慢,耐饥饿能力特别强,即使娃娃鱼两年不吃任何食物,也能安然无恙的。但是它们同时也能暴食,饱餐一顿可增加体重的五分之一。食物缺乏时,还会出现同类相残的现象,甚至以卵充饥。

后来出现的人类婴儿的哭声和几亿年前娃娃鱼的叫声一样,这完全是一种巧合。在展区内还特意设置了娃娃鱼的叫声装置,大家可以倾听娃娃鱼的"哭"声了。其实,只有当它们遇到心仪的异性时才会哇哇的"大哭"起来。如果你不留神,没准会认为是婴儿在哭泣了。娃娃鱼是不是很奇特呢?

"鹤顶红"有剧毒吗?

自古以来,丹顶鹤头上的"丹顶"常常被认为是一种剧毒物质,称为"鹤顶红"或"丹毒",一旦入口,便会致人于死地,无可救药。据说皇帝在处死大臣时,就是在所赐酒中放入"丹毒"。大臣们也都置"鹤顶红"于朝珠中,以便急难时服以自尽。在武侠小说中,武林中人常用这种剧毒之物来施展其下毒的高超本领。其实,这些说法都是毫无根据的。

丹顶鹤体态高雅,舞姿优美,鸣声如笛,富有音韵,自古以来就深受人们的喜爱,在我国古代诗歌、绘画等艺术作品中,对它的娇美形态,无不交口称赞。早在 2100 年前,河北满城汉墓出土的漆器上,就清晰地绘有丹顶鹤的图案。汉景帝(公元前 156—前 143)时的路乔如曾作《鹤赋》,开头就指出,丹顶鹤为"白鸟朱冠"。三国吴人陆玑在《毛诗草木鸟兽虫鱼疏》中更是做了细致的描述:"大如鹅,长脚,青翼,高三尺余,赤顶,赤目,喙长四寸余,多纯白"。唐朝诗人描写丹顶鹤的句子尤其繁多,如薛能在《答贾支使寄鹤》中写道:"瑞羽奇姿踉跄形,称为仙驭过青冥"。白居易在《池鹤》中说:"低头乍恐丹砂落,晒翅常疑白雪消。"张贲也有:"渥顶鲜毛品格驯,莎庭闲暇重难群。"的句子。可见古人认为,丹顶鹤的美,在于它的整个形体的和谐一致,而这种美的奥秘之处,无疑是因为它在那玉羽霜毛之上还具有一个渥(朱)顶、丹砂,显得典雅而风流,令人难以忘怀。明朝王象晋的《群芳谱》中评价丹顶鹤:"体尚洁,故色白;声闻天,故头赤。"以及:"丹顶赤目,赤颊青脚。"丹顶鹤全身素装,但在头顶部没有羽毛,露出鲜红色的皮肤,十分醒目,这种颜色实际是肤色和血色的交融,丹顶鹤也因此而得名。

丹顶鹤的幼鸟是没有"丹顶"的,只有达到性成熟后,"丹顶"才会出现,因此完全是一种正常的生理现象,是由垂体前叶分泌的促性腺素作用于生殖腺,促其分泌性激素作用的结果。"丹顶"的大小和色度并非一成不变。对于季节来说,春季时发情时红色区域较大,而且色彩鲜艳;冬季则较小。对于情绪来说,轻松时红色区域较大,色泽鲜艳;恐惧时则较小。对于身体状况来说,健康时红色区域较大;生病时则缩小,而且色彩明显暗淡,其表面还略显白色。当丹顶鹤死亡后,其"丹顶"就会渐渐褪去红色。

有人曾经做过试验,在小动物的食物中加入了丹顶鹤的"丹顶"的细屑。小动物们吃了以后并没有什么异常的反应,这至少说明了"丹顶"并没有剧毒。那么,古人所说的"丹毒"或"鹤顶红"到底是什么物质呢? 其实这些东西就是砒霜,即不纯的三氧化二砷,呈红色,又叫红矾,有剧毒,"鹤顶红"不过是古时候对砒霜的一个隐晦的说法而已。

第三章　动物的奇异妙用

猕猴——实验的高级用具

　　猕猴不仅是自然界中的珍贵物种,也是世界上用途最广泛的高级实验动物,在生命科学、环境保护、航天飞行、医药保健、计划生育、生态平衡等方面,都有它的一份功劳。猕猴是人类的近亲,在形态结构、生理机能和生化代谢方面同人类非常相似,应用猕猴进行研究实验的结果,最容易外推于人类。

　　在医学生物学领域内,猕猴作为实验动物的基本用途一是作原材料用,二是作鉴定和实验用,三是作为人类的疾病模型用。人类的许多疾病,尤其是传染病都可以在它身上制作模型,所以在近代医学生物学的一些最重要课题,如神经生理学、病毒学、心理学和行为学、计划生育、老年学、肿瘤学和器官移植等研究中,应用猕猴作为实验材料具有特别重要的意义,其价值是其他动物所不能比拟的。据统计,迄今为止已经有 46 种灵长类动物被用于生物学和医学研究,而猕猴是其中应用得最多的一种,近年来全世界每年应用于疫苗生产、鉴定和医学生物学研究的数目达几万只,甚至更多。

　　应用猕猴等灵长类动物进行科学研究已经有 1000 多年的历史,内容包括解剖学、形态学、胎儿和胎后发育、脑功能、神经生理、性周期及子宫黏膜变化、心理学、行为学、病毒的感染和小儿麻痹、麻疹、伤寒、副伤寒、斑疹伤寒、脑炎、霍乱和痢疾等多种传染性疾病的研究。这些研究工作在本世纪,尤其是近 30 年来进展较快。本世纪 30 年代中期,人类就已经应用它们成功地制造了高效抗破伤风疫苗（破伤风类毒素）和抗白喉疫苗，并且用实验证明可以在其身上产生实验肿瘤，也得到了诸如高血压、冠状动脉不全、心肌梗塞等疾病的模型。第二次世界大战后，则大量地使用猕猴作为小儿麻痹疫苗的生产和检定，以及在生物学和医学研究中应用猕猴进行放射线的危害、遗传毒理、环境生理、器官移植和国防医学等方面的研究。近年来，许多国家将艾滋病疫苗在它们身上进行试验后，取得了很多令人欣慰的效果。

作为实验动物，猕猴在其他领域的科学实验中也起到极为重要的作用。例如在宇宙航行中，可以利用猕猴代替人类进行失重条件下的反应的研究和各种生理指标的测定。所以早在40多年前，美国太空总署为了实现登上月球的目标，利用40多只猕猴来验证太空旅行的安全性，多次将它们发射到月球轨道。1997年1月8日，两只分别取名为"穆尔季科"和"拉皮科"的猕猴，乘坐俄罗斯"生物型－11"号卫星在近地球轨道上遨游了两个星期以后，在哈萨克斯坦的库斯塔奈市西北130千米处返回地面，它们是1996年12月24日从普列谢茨克发射场发射升空的。在飞行过程中，俄罗斯、美国、法国、乌克兰和立陶宛的科学家对它们进行了一系列生物考察和试验，希望得到有关机体的前庭系统和支撑——运动系统在失重条件下的功能情况的资料。返回地面的第二天，科学家给它们注射了麻醉剂试图通过手术对其肌肉和骨骼细胞进行研究，不幸的是，"穆尔季科"未能承受这一实验，死在了手术台上，"拉皮科"虽然幸存，但健康状况也很糟。结合以前的研究结果，科学家们得出了这种手术应该在它们返回地面的第三天或第四天才能进行的结论，从而为宇航员返回地面后的行止提供了宝贵的经验和教训。

1997年8月，美国俄勒冈的科学家还用克隆胚胎培育出2只猕猴，这是首次通过克隆技术培育出来的灵长目动物。科学家们使用了跟苏格兰研究人员用来克隆绵羊相类似的技术，但这2只猕猴是用从胚胎身上取出的细胞克隆出来的，用这一技术可以使一个细胞制造出8只或更多的完全一样的猕猴。不过，因为是用不同的胚胎细胞克隆出来的，所以这次培育出来的2只猕猴长相并不相同。

最近，美国的一个科研小组还进行了猕猴头部的移植手术，获得成功。他们将一只猕猴的头从第四颈椎部位切断，然后移植到在相同部位切断头部的另一只猕猴的身体上。先后参加这种实验的共有30多只猕猴，其中生存时间最长的达一个星期以上。经过换头手术后的猕猴能够与普通的猕猴一样进食和饮水,对声音也有反应,面部的神经功能健全。据这个科研小组的专家说,再过25或30年,成功的换头手术就可以应用于人类。

在我国医学生物学领域中,应用猕猴作为试验研究的对象是从50年代末和60年代初开始的,以后逐渐增多。目前,除在脊髓灰白质炎疫苗的生产和检定方面,每年需要数以千计的猕猴以外,也开展了形态解剖、生理、生态、计划生育、放射生物学、辐射遗传学、病毒学、药物学、疾病和驯养繁殖等研究工作,并取得了很多研究成果。

鲸——水下工兵

美国海军的宠儿鲸是世界上最大的动物,全世界有90多种。其中最大的蓝鲸,长可达33.5米,体重195吨,相当于35头大象的重量。它的一条舌头重约3吨,一颗心脏重70千克左右,肺重1500千克,血液总量约为8~9吨。抹香鲸可潜至2200米的深海之中,历时1—2小时。一般的鲸可潜入水下3~500米,在水中的时速30千米左右。有一些鲸可驯化来打捞海中的物品,可在海洋牧场中管理放养的鱼群。有的可以训练成"海军",用来打捞海中的武器装备和排水雷。

在美国海军夏威夷水下作战中心的深水作业部队里,有两条服现役的"鲸兵"——摩尔根和阿赫布。摩尔根体重有540多千克,它能接受教练员的指令深潜海底,在声波定位装置的引导下,向发生器游去,搜索目标,完成任务后会自动返回。阿赫布是头虎鲸,体重2.5吨,它比摩尔根游得更快,潜得更深。

这两头鲸是美国海军的宠儿。它们具有深潜、导航、搜索目标的特异功能。常被派遣执行导航和深水排雷任务,被称为"水下工兵"。

"鲸工兵"的排雷技术很巧妙。教练员在它们的口上安上一个带有攫爪的充氦气的自动装置,当它在海底搜索到水雷、攫爪挂上水雷时,附带的气球就会自动充氦,气球充足了氦气就带着水雷浮出水面。摩尔根和阿赫布经常深潜到500米深的海底排除水雷。

由于鲸受到人类大量捕杀，数量日益减少，大量驯化鲸来当水下"工兵"不可能，但是，驯化少量的鲸作为海上"特种兵"，用于关键时刻、执行特种深海打捞任务是可行的。

蝙蝠——"活雷达"与"敢死队"

会飞的"活雷达"

蝙蝠善于在空中飞行，能做圆形转弯、急刹车和快速变换飞行速度等多种"特技飞行"。白天，隐藏在岩穴、树洞或屋檐的空隙里；黄昏和夜间，飞翔空中，捕食蚊、蝇、蛾等昆虫。蝙蝠捕食大量的害虫，对人有益，理应得到保护。

到了夏季，雌蝙蝠生出一只发育相当完全的幼体。初生的幼体长满了绒毛，用爪牢固地挂在母体的胸部吸乳，在母体飞行的时候也不会掉下来。

蝙蝠有用于飞翔的两翼，翼的结构和鸟翼不相同，是由联系在前肢、后肢和尾之间的皮膜构成的。前肢的第二、三、四、五指特别长，适于支持皮膜；第一指很小，长在皮膜外，指端有钩爪。后肢短小，足伸出皮膜外，有五趾，趾端有钩爪。休息时，常用足爪把身体倒挂在洞穴里或屋檐下。在树上或地上爬行时，依靠第一指和足抓住粗糙物体前进。蝙蝠的骨很轻，胸骨上也有与鸟的龙骨突相似的突起。上面长着牵动两翼活动的肌肉。

蝙蝠的口很宽阔，口内有细小而尖锐的牙齿，适于捕食飞虫。它的视力很弱，但是听觉和触觉却很灵敏。一些实验证明，蝙蝠主要靠听觉来发现昆虫。蝙蝠在飞行的时候，喉内能够产生超声波，超声波通过口腔发射出来。当超声波遇到昆虫或障碍物而反射回来时，蝙蝠能够用耳朵接受，并能判断探测目标是昆虫还是障碍物，以及距离它有多远。人们通常把蝙蝠的这种探测目标的方式，叫作"回声定位"。蝙蝠在寻食、定向和飞行时发出的信号是由类似语言音素的超声波音素组成。蝙蝠必须在收到回声并分析出这种回声的振幅、频率、信号间隔等的声音特征后，才能决定下一步采取什么行动。

靠回声测距和定位的蝙蝠只发出一个简单的声音信号，这种信号通常由一个或两个音素按一定规律反复地出现而组成。当蝙蝠在飞行时,发出的信号被物体弹回,形成了根据物体性质不同而有不同声音特征的回声。然后蝙蝠在分析回声的频率、音调和声音间隔等声音特征后,决定物体的性质和位置。

蝙蝠大脑的不同部分能截获回声信号的不同成分。蝙蝠大脑中某些神经元对回声频率敏感,而另一些则对两个连续声音之间的时间间隔敏感。大脑各部分的共同协作使蝙蝠做出对反射物体性状的判断。蝙蝠用回声定位来捕捉昆虫的灵活性和准确性,是非常惊人的。有人统计,蝙蝠在几秒钟内就能捕捉到一只昆虫,一分钟可以捕捉十几只昆虫。同时,蝙蝠还有惊人的抗干扰能力,能从杂乱无章的充满噪声的回声中检测出某一特殊的声音,然后很快地分析和辨别这种声音,以区别反射音波的物体是昆虫还是石块,或者更精确地决定是可食昆虫,还是不可食昆虫。

当2万只蝙蝠生活在同一个洞穴里时,也不会因为空间的超声波太多而互相干扰。蝙蝠回声定位的精确性和抗干扰能力,对于人们研究提高雷达的灵敏度和抗干扰能力,有重要的参考价值。

“敢死队”

在第二次世界大战末期,美国曾训练过一支蝙蝠“敢死队”,计划用于“轰炸”日本。当时日军常用气球携带炸药飘过太平洋,袭击骚扰美国。美国人就想用“蝙蝠炸弹”报复一下。他们把微型定时炸弹捆在训练过的蝙蝠身上,准备用飞机空投到日本。具体方法是这样:从飞机上用降落伞投下一个大圆筒,在大约300米高度上圆筒自动打开,数千只蝙蝠飞出圆筒,扑向预定的“攻击”目标。蝙蝠喜欢倒挂在屋檐下栖息,昼伏夜出,很难被人发现,美国人为此项计划耗费了200万美元。但没等到蝙蝠“敢死队”出动,日本就投降了。“蝙蝠炸弹”没有吓着日本人,倒使美国人自己受了一场虚惊:一个全副武装的蝙蝠擅自飞离基地,不知去向。训练人员带着侦测仪器四处寻找,好不容易在一座飞机库的房梁缝里找到了它。在手电筒强光照射下,心情紧张的训练人员一手就逮住了蝙蝠,卸下了那滴滴答答还在走动的定时炸弹引爆装置。

神奇的动物本能

— 63 —

蝇——飞行间谍和剧毒杀手

蝇的身体粗短,全身有毛。它的毛被称为感觉毛,对气流变化十分敏感。头部呈半球形,两侧有一对大的复眼,头顶有三个单眼。每只复眼都是由成千上万只单眼组成,能灵敏地感知物体的形状和大小,其视力宽度比人还宽。

头部正中有一对具芒的触角。头的前下方是舐吸式口器。口器的末端有肥大的唇瓣,唇瓣能舐吸液体食物,或者先从口中流出唾液,使固体食物溶解后,再舐食。胸部背面有一对发达的前翅,后翅已退化成平衡棒,飞行的时候用来平衡身体。有三对足,足的末端有爪和爪垫。爪垫能分泌黏质,因此,蝇能在直立而光滑的玻璃上爬行,并且容易携带大量的病原体。

蝇的生殖能力很强。每个雌蝇一生一般产卵 600～800 粒,有的可以达到 2000 粒以上。从卵发育到成虫,在一般生活条件下,需要 10—15 天。在温度适宜、食料充足的生活条件下,只需要 8—12 天。在南方温暖地区,一对蝇一年可繁殖 10—12 代,可见蝇繁殖后代的能力是惊人的。

飞行间谍

60 年代美中央情报局曾用苍蝇运载窃听器,进行情报活动。他们把一种安在硅片上小如针头的微型集成电路做成一个超微型的窃听装置(这种装置可以听到 20 米以内的对话,并能将其传送到 1 英里外的接收站),粘在苍蝇背上。苍蝇通过房门上的钥匙孔或通风设施飞进戒备森严的办公室或会议室,去执行窃听任务。在苍蝇出发之前,要让它吸一口神经毒气,这种毒气能在预定时间内发挥效力,苍蝇到达窃听目标后,就很快地毒发身死,跌落在墙角桌旁,它携带的窃听装置就不致受到苍蝇翅膀振动颤音的干扰而影响窃听效果,房间里的声音就点滴不漏地收录下来,传送出去。

前苏联也使用过这种负有"特殊使命"的苍蝇。美国驻莫斯科大使馆的办公室就飞进过一只这样的苍蝇,它是前苏联克格勃派来的。如果不是一个保安官员在例行无线电监听时发现的话,它可能连续工作几周。

最近,西方某国又研制出一种人工苍蝇。它是仿照苍蝇的某些特殊的生物学特性而制造的。这种人工苍蝇有一套完整的窃听收发装置，它能像真苍蝇那样寻觅着带有人体特殊气味的目标，叮在不易被人发觉的地方进行窃听；它的飞行方向还可以用无线电遥控，使它在完成窃听任务后再返回基地。

下面是一个间谍苍蝇被歼灭的故事。

某大使馆的一项重要情报被外国间谍窃去了。中央情报局大为恼火，忙派高级特工汤姆率员飞往巴利城。

在使馆里，汤姆听了大使和武官的情况介绍之后，断定情报失密原因是通过窃听方式搞走的。但几经调查，终未发现窃听器安放何处。更为严重的是，他们此行的情况也被搞去了，汤姆好不焦虑。

这天，汤姆叼着雪茄坐在沙发上出神，他打开专门侦察窃所器用的电子测量仪，可是一点动静都没有。这时几只苍蝇从半开的窗子飞了进来，有一个居然大模大样地落到汤姆的脸上，他骂了一声"讨厌的东西"，便来到办公桌前，打算关上仪器到外边吹吹风。正当这时，蜂鸣器发出了警报，嘟！嘟……"啊？有窃听！"汤姆赶紧拧动旋钮，测定方位。

但讯号很不稳定，忽高忽低。老练的汤姆知道，这是一部正在流动的窃听装置，从讯号的强弱判断，窃听器距离测量仪不超过 5 米。

汤姆环顾四周，发现除了满屋乱飞的苍蝇外，再没有什么活动的东西了，窃听器到底在哪里呢？他把窗子关死，烦躁地一拍把落在办公桌上的苍蝇打死。这时讯号骤然增大，破了的蝇肚子里有一颗砂粒样的金属体显露出来。

"啊！原来是你！"有经验的汤姆大喊一声："来人哪，捉拿间谍！"几个特工人员如临大敌，端着手枪窜进室内，懵懵懂懂地问："间谍在哪儿？""在那！"

特工们顺着汤姆手指的方向看去，哪有什么间谍，只不过是几只飞着的苍蝇。

"笨蛋，放下手枪，快拿拍子、掸子、笤帚给我把这几个苍蝇消灭掉。汤姆向迷惑不解的特工们发布命令。

于是，经过一场乒乒乓乓的特殊战斗之后，苍蝇全被歼灭了。通过解剖，不禁惊呆了：原来某国特务机关利用苍蝇喜欢钻进室内的特点，把微型电台移植到它们的内脏里。这种间谍苍蝇即使死去,电台也会照样把收到的情报发射回去。

而且即使是被发现了也不会承担什么责任,因为苍蝇是没有国籍的。

苍蝇间谍虽然查出来了,但大使馆也未必因此就安宁,因为他们不知道究竟还有什么生物会成为新的间谍。

剧毒杀手

苍蝇还可以被训练做杀手,只要收集暗杀对象的体臭,并培养苍蝇的嗅觉,苍蝇便会自动去找这种特殊体臭的人,以在苍蝇脚上与身上的剧毒,将人毒死。当然,苍蝇本身必须具有抗拒该剧毒的能力才行。否则,人尚未毒死,苍蝇已经一命归西了。

它们有特异功能

我问你一个问题哦。你知道我们所说的五官都包括什么吗?

这五官还对应五种感觉呢。亚里士多德提出人类有五种感觉:视觉、听觉、嗅觉、味觉和触觉,你不会对这一观点持否定态度吧?

但是,长久以来,也有人相信人类存在着一种超过这五种感觉的"第六感"。还有就是当我们发现动物具备人类所不具备的能力时,动物发出的种种奇特信号,就会认为动物拥有神秘的"第六感"……

生物化学家几十年来一直在实验研究,探索是否能从生物角度对心灵感应和预感等现象寻求更好的更科学的解释。为适应生存,这些动物行为经过了数百万年的演变形成特殊的信号。

美国有一对夫妇养一只狗,让人不敢相信的事发生了。小狗知道圣诞节和生日的到来。多数人给出的一般的解释为,狗肯定是见人为准备过节的庆典迹象了,猜出来快过节的,所以也做好了准备的。狗懂人语可以与这对夫妇交流。主人问话时,可以用叫一声表"是",叫两声表"不同",大叫三声表示"不知道"的意思呢。

有一天,主人的朋友来家拜访,女主人让狗做了表演。她先对小狗说:"我念的这串数字中漏掉一个数字,你仔细听哦,然后说出是哪个漏掉了?"

主人很快地从一数到十,故意省掉了六。没等主人念完,小狗就等不急了,连叫了六声。主人的朋友认为,狗抓住主人流露出来的表情了,经过长期训练就会答对的,可能是经常训练这同一个科目了,当然会正确地回答了。

　　晚上,女主人说那你看看,这狗不但能表达,还能看出你的心思。朋友很是不敢信,他把自己的年龄写在纸上,交给主人拿着。这位客人写的数字是33,可狗却叫了36声。

　　主人就微笑着对这狗说:"宝贝啊,这次你猜错了,再试一次吧。"奇怪啊,它还是叫了36声。

　　客人大吃一惊,没等女主人说话,他自己很难为情地说:"我撒了谎。它是对的,我的确是36岁。"

　　像狗这样能与主人进行心灵沟通是真实的。俄国的一位驯狗专家。就曾和他的一只狗进行一次心灵感应实验。

　　专家在一个房间里放了几张桌子,上面上了摆各种物品。专家开始试验了,他在另一个房间里,要小狗把对应桌子上的电话簿拿来,依靠心灵感

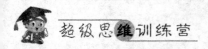
应。只见专家把小狗放在椅子上,双手握住狗的下巴,凝视它的眼睛,让它精神专一起来,把自己的命令无声地传达给它。

小狗很有意识的,两次走到门口,都返回专家身边了。小狗的意思是它把主人刚才给的指示给忘记了。专家再一次重复他无声的命令,这次小狗走出房门,来到另一房间,一会儿功夫,就叨着那本电话簿回到专家身边了,神了!

显然,专家并没在另一房间,并没有给狗在现场指点啊,我们完全可以排除掉它是受到主人某种暗示顺利地将电话簿叨来的。

科学家们证明人类与动物能够心灵感应,以多种方式实验将信息传给动物。做过无数次实验发现,动物有接收意会的能力;动物有超感应力,这种力量并可以影响外界的,最终实现目的。

里维先生的工作是研究人类天性。他给才孵出14天的小鸡做了这样一个实验:

把一群鸡摆在灯下,用发电机与灯连续不间断地工作,每天保证正好照12小时。供应的温度对小鸡来说太少了,如果确实是这样的,小鸡过不了多久就死亡了。

实验结果惊人:小鸡运用心灵影响力,增加了机器的发电时间,从而保全了自己的性命。这一实验使得大家信心大增,拿来24只就差七天就孵成小鸡的鸡蛋,一组12只先煮熟,然后把没被煮的,共两组鸡蛋轮放灯下。

结果:摆灯下的生蛋,灯亮的时间延长。证明了生蛋中会释放出某种力量,对发电机运转产生干扰。

这个实验结论一出来,可是不得了,引发大量的舆论攻击。科学家用老鼠做了类似的实验。研究人员将电极装入老鼠大脑的娱乐中枢,经过轮番的训练,研究人员灌输它们,当它踏上一棍子,很容易得到快感。然后就把电路与一台不定时发电机接在一起。

实验的结果惊人,老鼠遭到电击而获得快感的次数要比电机正常运转状态下遭电击的次数多。表明了老鼠干涉实验设备的运作是通过心灵影响力而达到目的了。

蜘蛛——风云变化它先知

蜘蛛是肉食性动物。不结网的蜘蛛,如狼蛛、跳蛛、蟹蛛,是游猎捕食。结网蜘蛛如同蛛,用蛛网来捕获昆虫。

蛛丝有黏性,当昆虫粘在网上挣扎时,园蛛就立刻从隐蔽处爬到蛛网上,用螯肢刺破昆虫的身体,将毒液注入昆虫体内,使它麻痹,然后再分泌消化液,将昆虫体内的组织溶解,成为蜘蛛能够吸食的液体食物。

蜘蛛捕食的昆虫大多是害虫,所以,蜘蛛是对人有益的动物。我国已经发现的蜘蛛大约有1000多种。

蜘蛛的形体雌雄悬殊甚大。大多数雄蛛都比雌体小,有些种类雌体超过雄体1000~1500倍,所以蜘蛛交配时,如同螳螂那样,雄体常有被雌蛛吃掉的危险,因此雄蛛欲与雌蛛交配时,必须小心翼翼地事先试探雌蛛是否允诺。

千奇百怪的蜘蛛蜘蛛是最常见的动物。世界上大约有4万种蜘蛛,除南极洲外,各地都有分布。它们有的外貌奇丑、有的步履蹒跚、有的能走善跳,可谓千奇百怪。

世界上最小的蜘蛛:巴拿马的热带森林里生活着一种小蜘蛛,体长只有0.8毫米,可能是世界上最小的蜘蛛。

名称古怪的蜘蛛:在所有动物中,名称最古怪的要算生活在夏威夷的卡乌阿伊岛上某些洞穴里的一种盲蜘蛛了。这就是无眼大眼蛛。原来,根据各方面的特征它都属于大眼蛛科,只是由于它乔居洞穴,造成双目失明,空留下"大眼"之称。

子食母的蜘蛛:红螯蛛就是子食母的一种。红螯蛛的幼蛛附着在母蛛体上啮食母体,母蛛也安静地任其啮食,一夜之后母蛛便被幼蛛啮食而亡。

猎人蛛:澳大利亚境内有一种世界上最大的蜘蛛。大的约有25克多重,有八条腿,相貌丑陋,但却是捕捉蚊虫的好手,凡敢于来犯的蚊子无一生还,具有猎人般的本领。同时,猎人蛛含有大量蛋白质,是土著人的上乘佳肴。

吃鸟的蜘蛛:在南美洲有一种很大的蜘蛛,最大的像鸭蛋那么大,吐的丝又粗又牢,在树林里结网,经常用网捕捉小鸟。

投掷蜘蛛:在哥伦比亚有种奇特的"投掷蜘蛛",它不是拉网捕食,而是将自己的丝滚成圆球,当有蛾子时,它能准确地将黏丝球一掷,击中飞蛾,顺势一拉,成为美食。同时,它还能放出一种蛾类性外激素,来吸引蛾子。

世界上最毒的蜘蛛:澳大利亚有一种生活在灌木丛或草地上的黑蜘蛛。它身上有一个毒囊,其中有毒性极强的毒汁,人兽或家禽被它咬伤,几分钟内便有丧失生命的危险。

替人守店的毒蜘蛛:伦敦一家百货商店的老板哈斯维尔,每晚用两只毒蜘蛛替他守店,说来也妙,这种毒蜘蛛把门,盗贼纷纷逃遁。几年来,该店从未丢失过任何东西。原来这种毒蜘蛛有两种致命的毒素,一旦被它刺中,轻则剧痛难忍,长期不愈;重者会死亡。

与植物合谋吃人的蜘蛛:在美洲亚马孙河流域的一些森林或沼泽地带,成群地生活着一种毛蜘蛛。这种蜘蛛喜欢生活在日轮花附近。原来这种花又大又美丽,很能将一些不明真相的人吸引到它的身边。不论人接触到它的花还是叶,它很快将枝叶卷过来将人缠住,这时它向毛蜘蛛发出信号,成群的毛蜘蛛就过来吃人了,吃剩的骨头和肉,腐烂后就成了日轮花的肥料。

织渔网的蜘蛛:在巴布亚新几内亚,人们用来捕鱼的渔网是由蜘蛛织成的。人们只是把渔网的基底织好,然后将"半成品"挂在两棵树之间,再由蜘蛛去完成大部分织网工作。这里的蜘蛛吐的丝非常坚固结实,织成的渔网足可以使用两个星期。

在希腊神话里,蜘蛛是一位纺织巧匠的化身。的确,蜘蛛称得上是第一流的纺织家,一个蛛网织成,就是数学家也难以挑出什么毛病。

蜘蛛靠它的网而立世。蛛网的黏滞性相当强,小昆虫一旦触及,就是有翅也难逃的。蛛网粘不住蜘蛛自己,这是因为蜘蛛身上有一层润滑剂。蛛网圆心的那一小块地方是蜘蛛休息室,不具黏性,框架及半径线也不黏。蜘蛛一般有6个纺织器,位于肛门附近。每个纺织器都有一个圆锥形的突起,上面有许多开口及导管与丝腺相连,丝腺能产生多种不同的丝线。如果放在显微镜下观察,你会看到那纺织器犹如人们灵巧的手指,它们拉丝、梳理、搓丝为线,如同流水一般。蛛丝是多种腺体的共同产物,它是由许多根不同的、更细的丝混合纺成的。丝线是一种骨蛋白,在体内为液体,排出体外遇到空气立即硬化为丝。最细的蛛丝直径只有百万分之一英寸。一条能环绕地球一周的蛛丝，只有168克重。在人们的心目中，都以为蛛丝是不堪一击的，其实不然。和蛛丝同样粗细的钢丝是没有蛛丝结实的，水下有些蛛网可以网住小鱼。

用高倍电子显微镜扫描，可看出一条蛛丝是由两根不同的线绞在一起的：一根干性直线状的，只能拉长20%；另一根黏性螺旋状的，可拉长4倍，复原后不下垂，这便是一根"拥妖索"了。此索周围覆盖一层胶质液体微滴，每一微滴中有一丝团。当昆虫被捕挣扎时碰撞微滴，其中团丝便伸展，增加了线的长度，当然不会被挣断，而是越挣越多，箍得越牢。

就像金箍儿一样，越箍越紧，任大闹天宫的孙大圣腾挪变化，直箍得他满地打滚。

蛛网大小不等，形状各异。圆网蛛的网很大，形同车轮；树林间棚蛛的网如棚；球腹蛛的网似笼；水蜘蛛的网像钟；草蜘蛛的网则不啻是一架吊床。有的蜘蛛还能织成套索状的网，它在空中嗖嗖抖动。有的蜘蛛能织出一片密网，安装在草秆上，它在微风中展开，像船上的风帆。南美洲有一种蜘蛛，它的网很小，只有邮票那么大。这种蜘蛛没有守候的耐性，总是用前面的四条腿扯着网，见有合适的过客，随时将网蒙过去。危地马拉有一种蜘蛛，总是几十只集在一起织一张硕大的网，网的色彩和图案都很美丽，当地居民用它作窗帘。

蜘蛛织网时是专心致志的，即便是外面闹翻了天，它仍然有条不紊地在织自己的网。编一个网一般只要25分钟，如果受风力、环境等影响，则可能要多花一两倍的时间。网织成以后，有些老谋深算的蜘蛛还会在网下另加一条保险带。

同其他生物一样，蜘蛛也经历了一个漫长的进化过程。最早的蜘蛛，仅会扯一条独丝，像晒衣绳那样单调。

至今，在南美洲的热带森林里，还有一种"渔翁"蜘蛛呢。它在树林里选择一根又轻又直的枝杆做"钓竿"，在杆端吐出一根长长的蜘蛛丝，下面缠着一团黏液般的乱丝，做成"钓线"和"鱼饵"。当昆虫在森林边飞来飞去觅食时，看到随风飘荡的"鱼饵"，常当作是自己爱吃的食物。无风的时候，"渔翁"蜘蛛会用前脚拉动蛛丝，让"鱼饵"来回摆动，布下"迷魂阵"，引诱昆虫来上钩。当昆虫飞扑到"鱼饵"上,黏液把它逮住,蜘蛛就攀丝而下,把昆虫吞食掉。

虽然大多数蜘蛛有 4 对眼睛,但视力都很差,只有那些不以张网取食的蜘蛛才能看得比较远些,但也不过 30 厘米。

正因为这样,蜘蛛在爬行时,尾后都拖有一条干丝,这是用来保持同后路联系的,生物学家称它为"导索"。

蛛丝也是蜘蛛的生命线,当它突然受震从空中跌落时,那线便将它吊住。蛛丝也有扩散运行的作用,小蜘蛛们可以放出长长的丝来,让风儿把它们吹送到很远的地方去。

美国科学家最近指出,蛛网也是一种符号语言,这种密码在生物语言中或许是最为神奇的。通过这张网,蜘蛛与邻居聊天,与配偶谈情说爱,以及规劝猎物就范。

蜘蛛是一种神奇的生物,它的网是一种美妙的艺术结晶。随着科学的发展,蜘蛛学现在已经成了一门学问,许多人都在企望着能透过那层晶莹的蛛丝看到一些新的自然奥妙。

蜘蛛帮助了拿破仑

很多蜘蛛织网都选在破晓前进行,因为这时温度最低。蛛丝含有胶状物,很容易吸收水分而失掉黏性,如果空气潮湿,野外的蜘蛛就会敏感地觉出而停止织网。在气温较低而又干燥的条件下结网……蜘蛛的这一特性曾经帮助过拿破仑打赢了一场战争。

1794 年深秋,拿破仑的军队大举进攻荷兰。荷兰人打开各条河流的水闸,用洪水来阻挡法军。法军正准备撤退时,却接到了"蜘蛛在大量吐丝结网"的报告,拿破仑当机立断,下令就地待命。原来。蜘蛛吐丝结网预示干冷天气即将到来。不久,寒潮果然袭来,河湖冰封,法军得以踏冰前进,攻陷了荷兰的乌德勒支要塞。

蜘蛛虽曾助过将军们一臂之力,但未加入过军队序列,它在直接参战方面的作用远不及在军事仿生学方面大。

鹅——机警的"海军上将"

有一位前苏联的作家这样来描写鹅的形象："如果能授予禽类高官厚爵，这只公鹅就该是海军上将了。它的步姿，它昂首挺胸的架势，它和别的公鹅谈话的神态，俨然一副海军上将的派头。"它走路慢条斯理，似乎每一步都得经过深思熟虑。它每迈出一步，都是先把爪子提起来，在空中滞留一会儿，然后才不慌不忙地放进泥泞里。所以，即使从泥路上走过，它身上也还是像雪一样洁白无瑕。

"即便身后有狗追赶，这只公鹅也从未跑过。它什么时候都高昂着头。……"你看，是不是挺像？

但是，在现实中，鹅并不是什么显贵的角色，也没有巴儿狗那样的好运气，成为贵妇人的宠物。它只是依靠灵敏的听觉，在古代曾立下战功，即使在现代高技术条件下还仍然受到将军们的青睐。

鹅救了罗马

罗马共和国从襁褓时期起，经常对外发动战争，有时也遭到外来进攻。公元前 5 世纪，北方的高卢人侵入波河流域。

至公元前 390 年，高卢人在首领布雷努斯的率领下进犯罗马城。两军在该城以北的哀利亚河畔相遇，大队的高卢战士装备着坚厚大盾和锐利长剑，呐喊着前进，一举击败了罗马军，并穷追向都城溃退的罗马士兵。

罗马城当时还没有高大的城墙，残兵败将守不住城池，几乎全部溃逃。次日，高卢军进入了毫无抵抗的罗马城，并大肆劫掠，焚毁房屋，杀戮来不及逃走的居民。

许多罗马人躲避到他们祖先发迹的古罗马七山上。执政官曼利乌斯带领部分元老，指挥着一支部队上了七山中最高的卡匹托林山。据守山崖上的堡垒。这座高山的顶上筑有丘比特神庙，向来是宗教祭祀的圣地。大殿上供奉着罗马人献给丘比特大神的一群白鹅。

随后，罗马全城除了卡匹托林山之外，都落入高卢人手中。布雷努斯派兵猛攻山头堡，被守军击退。于是，高卢军把卡匹托林山团团包围起来。

在一个伸手不见五指的雨夜,从山峰到山麓一片寂静。栖息在丘比特神庙里的罗马人都进入了梦乡。连守卫的士兵也因连日苦战,一个个酣睡如死。担任了望的战士见山下敌营里悄然无声,紧张的心情稍微松弛竟也沉沉睡去。

正是在这个漆黑的雨夜里,高卢军实施偷袭。他们悄悄向上攀登,没有一个罗马人听到敌军的声息。先头的高卢战士越来越迫近山堡。当此千钧一发之际,神殿里的鹅群却十分敏感地嘎嘎叫了起来。曼利乌斯和罗马守军因此惊醒,发觉敌军正要登上堡楼,便立即冲上去勇猛拼杀。经过一场激战,高卢军全被推下悬崖,罗马人得以保卫他们的国家,免受外族的奴役。

朱阿尧养鹅守寨

清朝顺治年间,广东饶平县农民领袖朱阿尧在海山岛聚义。为了抗击清兵,构筑了坚固的水寨,并在水寨周围驯养鹅群,用以值更放哨。由于义军熟悉水性,防守严密,清兵在日间屡攻不下,就改为夜袭。

但清兵一接近水寨,便被听觉灵敏的鹅群发觉,鹅声大作,义军闻讯立即出击,把偷袭的清兵杀得狼狈而逃。

美国组建"鹅兵"部队

1986 年,美国新建了一支特种兵——"鹅兵",并且将其部署在联邦德国法兰克福附近的一处军事基地上,与哨兵一起执行巡逻警戒任务。这些警鹅个头高大、脖子长、好叫人。而且听觉器官非常敏锐,稍有异常,马上"嘎嘎"大叫,提醒巡逻哨兵注意。1987 年,美军制订了一项"鹅兵"发展计划,打算在驻欧洲的美军中发展一支拥有近千只鹅的部队。

我吃,吃,吃石头

"啊!我受不了啦!石头呢?哪里有石头?我要吃石头……"

一条鳄鱼吃掉了一只小麋鹿后四处张望在找石头吃。不会吧?太让人不可置信了!

是真的。鳄鱼每天吃完东西,都要吃些石头的。一些研究鳄鱼的人,发现鳄鱼吞食石块,生活在多淤泥和少土壤地区的鳄鱼,为了寻找石块,有时不得不爬行到较远的地方去寻找,鳄鱼胃里有许多石块。

为什么要去吃石头呢?难道是鳄鱼在吃掉很多小动物后感到了内疚,是它们在惩罚自己吗?为什么鳄鱼咬吃石头呢?

鳄鱼的确是要吃石头的,这是千真万确的。科学家经过观察发现,鳄鱼吞掉大的动物后,就要吞食一些小石头。因为鳄鱼的舌头和下颌是连在一起的,鳄鱼捕食不嚼的,也不会伸舌头舔了,就直接吞咽猎物进胃里,然后到岸上找石块吞掉。石块对于鳄鱼的生活是绝对不能缺少的。

石块在胃里搅动磨碎猎获物的骨头和硬壳。鳄鱼胃里的石块约占他体重的百分之一,大的鳄鱼是这样,小的鳄鱼也是这样。

科学家们跟踪它们发现,胃中无石块的幼鳄,潜水能力不如吞食了石块的鳄鱼。可见,吞进胃里的石块,除了帮助鳄鱼磨碎食物,还相当于"镇仓物"呢。

胃里的石块,帮鳄鱼潜伏水底和在水底行动,胃里有大量石块,就不会被大的水流冲走,还能帮鳄鱼把大的猎获物拖到水里,在水中美美地分享。

所以,谜底揭开了,鳄鱼吞石头是有两方面的作用的。

鼠——动物军队的新成员

老鼠在中国属"四害"之列,早已被判处死刑,无一人为它申辩。但凭着顽强的生命力,老鼠家族还是生存下来了,而且还颇为兴旺。有的科学家甚至预言:老鼠将成为地球上最后的走兽。有些国家看上了老鼠的"特异功能",尽力加以利用。美国和以色列已建立了训练和运用老鼠的"老鼠部队"。如果把参与细菌战这笔老账不算,老鼠可算是动物军队的新成员。

怪鼠种种

踩不死的老鼠:在非洲有一种全身肌肉、骨骼都很柔软的老鼠。由于其五脏位于下腹,用脚踩上去脊骨和五脏分别挤向两边,全都重力由肌肉承担,稍一抬脚,它便可溜之大吉,是一种踩不死的老鼠。

冻不死的老鼠:在俄国的雅库特地区,有一种不怕寒冷的野鼠。在零下7℃的严寒下,钢铁都会像冰一样脆,可这野鼠却怡然自得。

摔不死的老鼠:有一种老鼠不怕摔,在美国曾有人把它从摩天大楼顶上使劲往下摔,但老鼠却安然无恙。

毒不死的老鼠:在非洲有一种老鼠,任何毒品对它都无效,是毒不死的老鼠。可是当它把人给咬伤后,沾染了它那毒性极强的唾液,可就无一幸免了。

吃猫的老鼠:非洲有一种老鼠,专门吃猫。猫见了它就害怕,并且变得痴痴呆呆,浑身无力,任凭老鼠从容地咬破喉管,吸饱血液而去。这种吃猫的老鼠与普遍的老鼠大小差不多,它一见到猫时,即从嘴边的一层硬壳上分泌出一种"迷魂"气体,猫一嗅到,便会失魂落魄,迷迷糊糊,任凭这种食猫鼠摆布而无还手之力。

滴水不沾的老鼠:美洲沙漠中的加鲁鼠,一生中可以滴水不进。平时,它从多汁的草或仙人果浆中获得水分,在体内贮藏,到只能吃植物干种子的季节,又可将其中的水分释出放来,以分解种子的糖分。

"畏罪自杀"的老鼠:我国东北兴安岭林区,有一种富有"武士道"精神的老鼠。当它们看到偷回的粮食被人挖走,自觉"羞愧",一个个爬到小树上,找一个树杈,把脖子伸进去,身体和四肢垂下,上吊自杀了。

烫不死的老鼠:在希腊维库拉热泉有一种烫鼠,它常年在90℃的热水中自由生活,凫游自如。但如果它离开热水,在常温下则会冻死。

可作燃料的老鼠:坦桑尼亚的基戈马地区有一种老鼠,它的脂肪含量约占80%,晒干后可以做蜡烛点,当地人亦用它做燃料。

硬气功鼠:赞比亚有一种会气功的鼠,当地土著称它为拱桥鼠。体重达500克。如果有人用脚踩它,它会用锁骨抵在地拱起脊背,浑身鼓气,发出奇妙的硬气功。一个60千克的人踩在它身上,它竟不吱一声,若无其事,脚松后才溜逃。

最大和最小的老鼠:世界上最大的老鼠产于南美洲,其体重可达50千克以上,身长可达1.5米。最小的老鼠则是生活在泰国热带丛林中的小飞鼠,它体重约2克、体长3厘米、头长11毫米,翼展5.5厘米,以小昆虫为食。小飞鼠也是最小的哺乳动物。

老鼠部队

老鼠的嗅觉特别灵敏,与狗相比毫不逊色。狗凭这一独特的本领早已在军事方面诸如排雷侦察或缉毒上大显身手。

将老鼠也用于这些领域,恐怕还没有多少人听说过吧! 其实,这在美国、以色列等国并不算什么新鲜事了。美国早在80年代就已开始训练老鼠排雷;以色列也正在训练一支搞侦察的"老鼠军团"。经过以色列专家训练的一只老鼠,可以准确无误地侦察出任何类型的爆炸物,包括伪装巧妙的邮件炸弹。

这种能起侦察作用的老鼠叫警鼠,特别适宜在机场或飞机上使用。倘若在飞机上、仪器中或者旅行者包里藏匿有炸药或其他违禁品的话,警鼠很快就能侦破。警鼠侦察全凭嗅觉。经过专门训练的警鼠,只要嗅到一丁点爆炸品的气味,就会在笼子里乱跑乱窜。以其出现的焦急和不安向主人报警,从而使警察缉获那些携带炸药或其他爆炸物的恐怖分子。警鼠体小灵活,动作敏捷,又能上蹿下跳,这是警犬所望尘莫及的。

据报道,目前美军已有一支数量可观的老鼠部队来完成一些人们不宜完成的军事任务。那么,美国又是如何对老鼠进行专门训练的呢? 老鼠天

神奇的动物本能

性怕光怕声,为了克服这种"心理障碍",训练人员首先把一群关在笼子里的老鼠放在机场上,让其习惯于各种各样的热闹场面和飞机起降发出的刺耳噪声。久而久之,这些老鼠"见多识广",不再为飞机和旅客而受惊吓。其次,从大群鼠中选出最大胆者为领头鼠,带领"胆小鬼"和新来者,使鼠子鼠孙随其后或周围,这样反复训练,老鼠的胆量就会越来越大。再次就是培养老鼠的嗅觉灵敏度和鉴别侦探物的本领,最后择优录用。

美军训练老鼠排雷时,先将一根电极插入老鼠大脑的兴奋中枢内,当老鼠闻到梯恩梯炸药气味时,就会立即兴奋。据称这一方法比工兵使用电磁探测器安全得多。经过训练的老鼠,短时间内就可以成千上万地涌入敌方阵地,明目张胆地进行军事活动。此外,美军还驯养出一种体形较大的老鼠,她能咬断敌人的喉部。

美军训练老鼠部队的计划正在进行中,但老鼠部队也有其自身弱点,美军最大的担心是,如果敌方对老鼠进行"策反",将奈之何?

蜂——毒刺生威

蜜蜂助英王

早在 11 世纪,英王理查德一世在攻打耶路撒冷的古城让达克时,曾把一箱箱的蜜蜂抛到守城的士兵群中。无数的士兵被蜜蜂蜇伤,疼痛难忍,个个抱头乱窜,无法投枪放箭。英军乘机一拥而上,轻而易举地夺取了让达克。

林则徐巧布尿壶阵

公元 1839 年(清朝道光十九年),湖广总督林则徐不顾穆彰阿等当权派的阻挠,上疏奏禀道光帝,提出彻底的禁烟主张。道光帝即命林则徐为钦差大臣往广州查禁鸦片。林则徐一到广州就检阅三军。他觉得士炮太陈旧,就下令制造新炮。在新炮尚未造好之前,经常遭到英舰袭击。林则徐为筹谋良策苦苦思索,往往废寝忘食。

这一天早晨,浓云笼罩着海面,英舰艇又来偷袭广州。当舰艇驶近虎门时,突然发现满海都是清军的红缨笠在游动。

"发现清军水兵!"英国侵略军指挥官大喊着,对所有战舰发出命令:"枪炮手准备射击！"红缨笠渐渐接近敌舰。"目标红缨笠，预备，放！"指挥官喊声刚落，枪炮同时齐鸣，掀起条条水柱。一阵浓烟过后，海面上出现无数黄蜂，一齐向英舰飞过去，蜇得英军哇哇直叫。指挥官也被蜇得脸青脖子肿，掉转船头逃跑。

海上哪来这么多黄蜂？原来是林则徐布下的尿壶阵，尿壶里装满黄蜂，封住壶口，罩上清军的红缨笠伪装成水军，等退潮时放出海面。英军误认是水勇，开枪击破尿壶，黄蜂就飞出来了。

洋鬼子吃了亏，恼羞成怒。第二天，指挥官命士兵个个穿皮衣，套手套，罩面具。舰艇驶近虎门，指挥官发现海上又浮游着无数尿壶，不免哈哈大笑道："东亚病夫，能有多少计谋？"即下令把尿壶捞起，用火把将黄蜂烧死。

兵士们小心翼翼地把尿壶钩上船，用火烧了起来，说时迟，那时快，"轰！轰！轰！"舰上顿时响起一阵阵爆炸声。

鬼子死的死、伤的伤，哭爹叫娘、抱头鼠窜。未被炸死的那些英军，慌忙驾起着火的舰艇溜之大吉。

马蜂严惩侵略军

在越南的深山密林中，生活着一种毒性很强的马蜂，当地老百姓又叫它黄蜂。美帝国主义在侵越战争期间，常常派出部队到处烧杀抢掠，残酷地屠杀越南人民。手无寸铁的越南人民，为了反抗美国侵略者，把马蜂从深山密林中找出来喂养。当美军出来扫荡的时候，事先把这些马蜂埋伏在美军必经的道路旁。一旦美军接近马蜂，立即把蜂巢打开，成群结队的马蜂一拥而上，向美军发起猛烈的冲锋，一个个美国兵被蜇得鼻青脸肿，喊妈叫娘，狼狈窜逃，使美军闻蜂丧胆，恐慌万状。

无独有偶，我国的老山一带也有一种毒性很烈的马蜂，名叫细腰蜂。被它蜇了以后抢救不及时，也会丧命。自1979年以来，越军的特工队经常偷袭我老山阵地，搞得我军阵地日夜不得安宁。我坚守老山前线某阵地的3名战士，巧妙地利用马蜂打击越军特工队，使其连吃苦头，一次又一次地败下阵地。

一天傍晚，夜幕刚刚降临，5名越军特工队员偷偷地摸到我阵地上来，3个战士一合计，立即抱了四箱细腰蜂放在猫耳洞口。当敌特工队进到离猫耳洞只有十几米远时，战士们迅速将4箱马蜂全部打开，霎时，马蜂争先恐后地冲出蜂箱门,向侵略者飞去。3 个战士趴在洞口,屏住呼吸,倾听着阵地上的动静。不一会儿,只听得越军特工队员"哇啦哇啦"地发出被马蜂蜇的惨叫声。就这样,我军没费一枪一弹,就把越军特工队打退。

大猩猩,亦称大猿。哺乳纲,灵长目,猩猩科。体躯壮大魁梧,雄性高约1.65 米,雌性高约 1.40 米。其脑比人脑小得多,但结构和人脑最为相似。毛黑褐色,略发灰,老年时灰毛增多。栖息密林中,雌性和幼仔常树居,雄性多半在地面上生活;通常 3～5 只在一起生活。性凶暴。主要以植物嫩芽、野果为食。分布于非洲西部和东部的赤道部分地区。

我是蛇,我能飞

我们生活在新加坡,别看我们是蛇,但是我们有会"飞"的本领,许多新加坡人都感到我们很新鲜的。

我们是新加坡天堂树蛇,我们没有翅膀,不用拍打什么,也无须轮子,可以在空中飞行,你看啊!我们新加坡土生土长的蛇可不懂什么空气动力学之类的高深理论的,但是我们可以从一定高度上跳跃起来,通过扭动身体从而滑行一定距离。从外观看,我们是没有什么特别的,感觉不出我们适宜滑行。

不信你看啊,我们没长翅膀吧,一看我们也不像是会飞的样子。不过,你爬树肯定比不过我们的,我们是爬树高手,我们在地面移动的速度也很快,我们还会游泳,刚告诉你了:我们也能飞……

我们是飞蛇,在飞行能力方面结合了鸟儿、昆虫、蝙蝠、松鼠甚至蚂蚁的特点,真的,信不信由你。

我们得躲起来了,人类生物学家分两组在建筑物中执行——"飞蛇"大搜寻活动呢,我们的真正的名字名叫天堂金花蛇。因为我们会来这些地方捕食蜥蜴、小鸟和蝙蝠,所以专家们来这里寻找我们。躲避半天,我们天堂金花蛇弟兄们还是终于被专家抓到了一条。

我们"飞翔"时,整个身体都要摆动或扭曲,表演一下给你看,你看其实我们头部与尾巴之间都要发生变化。我们是由身躯和尾巴组成的,我们的肋骨直达蛇尾。当我们摇动自己的肋骨,我们飞行的形式上像飞碟。

在空气动力下,我们的身体结构使得我们适于滑行。在我们开始下落时,我们的头部不停左右摇摆,这使我们的身体在空中时弯曲成S形。

我们还能使自己身体和地面平行。由于我们是没有翅膀的,我们通过在空中的某种滑行控制我们的飞行模式。我们把身体S形弯曲,来保持我们飞行的稳定性。就像人在走钢丝,在摇摆保持平衡。

我们中的大多数都能生长到三四英尺长,当然我们的同胞中有三种除外。我们可是人类的好伙伴的,别看我们能分泌毒液,但是这是一种不含有害物质的液体,我们的这种毒液只会威胁到诸如蜥蜴、青蛙等小动物的安全,因此我们对人类是无害的。

所以别怕我们啊,不会伤害你们的。

科学家说,还没见过其他什么动物像我们这么有运动天赋的呢。

我们蛇行空中的伟大镜头，身体变扁，这样才可以滑行。我们走得挺直，"飞行"表演得很精彩吧。

有时候，我们在途中还会变换方向。你看我们身体滑翔时候像丝带，我们首先是身体低垂"起飞"。

接着，我们的脑袋左右扫视摆动，搜寻降落点呢。一切准备就绪，我们向上抬起身体，然后松开尾巴，向上弹出自己身体。我们就会把肋骨伸展开，让身体的宽度加倍。

这时，你再看我们，就不再像是圆柱形，像一条弯丝带了吧。接着，我们陡直下落，获取空中的速度。我们以 20 英里的时速在半空行进。告诉你啊，我们这是所有"飞蛇"中行进速度最快的一种了。

侧面看我们的头部是静止的，有机会拍下我们的照片你会发现，不同角度获取的画面，都会显示出我们的脑袋是在动的。是的，我们的头总是在摆动的。

我们在飞行途中如何改变方向？告诉你哦，我们通过尾巴在空中的摆动，看看，我们的尾巴作用简直太大了。我们的身体形状也有细微变动，这引起科学家们的关注。美国科学家早已开始研究我们的运动了，还制造出像我们的样子的机器蛇。

科学家认为，了解我们的运动模式是一挑战。我们蛇可以攀爬物体，也可爬到物体内。因为我们"飞蛇"完全不同于你所知道和了解的飞行物体的。

因为我们蛇体内的肌肉系统相当复杂。我们体内是一根管子，上面全附着朝着各个方向生长着的肌肉。所以，从脊椎到肋骨，肋骨之间，肌肉与肌肉之间，全都连在一起。

我们蛇的肌肉不同人肌肉的单一，而我们蛇的体系却非常复杂。我们的用于侧向运动横向肌肉最强壮。然而，真要移动的话，还得需要握力配合的，我们需要抓握物体获取到摩擦力来使劲的。

没有摩擦力，就得改变运动方式。比如，我们的同胞弟兄中的角响尾蛇，在沙地上爬行，沙子的摩擦力也太小了，就得改变运动方式了。就像空气几乎没有摩擦力，我们需要在半空中滑行是类似的。

猩猩——它们能代替人类作战

猩猩趣事

猩猩乐队

前苏联驯兽家伊凡诺夫领导的猩猩乐队,是世界上独一无二的。十几只大猩猩操纵着各自的乐器:吉他、提琴、铜管及锣鼓、钹等,能演奏许多著名的爵士音乐。这些"音乐家"每到一地,总是拥有成千上万的观众。

猩猩护士

巴西有位兽医,专门训练了一只能照顾其他发病动物的黑猩猩。这位"猩猩护士"负责给"病号"喂饭、扫地、洗碗、送药。它与主人一起进餐、一起上班。在"猩猩护士"照料下,住院的动物显得格外乖。

猩猩画家

英国的一家动物园里,有一只名叫"伦布兰特"的猩猩,会临摹绘画。主人只要把画稿挂在墙上,它就用各种彩笔,比着原样,画出一幅差不多的新作来。

猩猩司机

美国密执安州一个名叫布里斯特的农场主养了一只名叫"赛多"的猩猩。"赛多"9岁时开始学干农活,11岁时居然学会了开拖拉机耕地。如今,13岁的"赛多"已经是一名熟练的拖拉机手。

爱清洁的猩猩

一只健康的黑猩猩从来不会尿湿自己的窝,它会仔细地把粪便清除出去,即使夜间也是这样。

猩猩的骗术

一只黑猩猩向其同伴示意,附近有香蕉。但当其他黑猩猩向"有香蕉"的地方摸去的时候,这只说谎的黑猩猩却独自往真正有香蕉的地方摸去。一只黑猩猩懂得等到夜晚它的同伴都睡着以后再去翻出它在白天藏起来的柚子并单独一个人悄悄地享用。动物园的一只大猩猩假装被铁笼的铁支架压着了,当管理员匆匆忙忙赶去救它时,它却突然放开手臂,把管理员抱住。原来,它只是为了希望有个伴,而做出了"苦肉计"。

猩猩的"爱情"

科科是加利福尼亚一头著名的雌性大猩猩。自70年代以来一直是动物生态学家们谈论的话题。多年来人们一直想给科科找一个配偶。原来的那个配偶因为脾气不好和肠胃有毛病而被科科抛弃了。前不久,科科在录像中看到了邦戈之后就"爱"上了它。证据是它一看邦戈就激动得去亲荧光屏中的它。但是,饲养邦戈的罗马市不愿意出借邦戈。科科表现出了种种受爱情折磨的样子。最近,科科又爱上了芝加哥某动物园年青漂亮的大猩猩恩杜姆。每当人们让它从录像中看到恩杜姆,它就很激动。

"语法大师"坎齐

猩猩坎齐现年12岁,受教于佐治亚州立大学语言研究中心的心理学家。和所有猩猩一样,坎齐也未能形成语言的发音控制能力,但它却能听懂人说的话。当坎齐想表达自己的愿望时,它可通过指认一块闪光板上的符号或按动特殊键盘使之转换显示出英语。

心理学家在用抽象视觉符号对坎齐进行教学时,发现它学习语言的过程和儿童极为相似。坎齐已能用两个以上的符号表达愿望。例如,当它想看一部喜爱的电影时,便按动"火"和"电视"这两个符号。坎齐最喜欢看有关史前穴居人的电影。心理学家在严格的实验条件下对坎齐和一岁半的女孩阿利亚做了对比研究。他们发现,在对660个英语口语句子的反应测定中,坎齐在多数情况下和阿利亚不相上下,阿利亚在语言能力上超过坎齐,坎齐则在语法理解上超过阿利亚。坎齐对语序的概念相当清晰。

会制造工具的猩猩

猩猩是一种会使用工具的动物。黑猩猩经常手挥树杈来威胁其敌手,而且还会以树枝利用杠杆原理来撬开东西,所以当这些动物大发脾气时,会拿起"武器"来怒殴对方,是非常合乎逻辑的事。黑猩猩能够把木箱叠起来,爬到木箱上面,去取悬挂在高处的物品。黑猩猩不但会用现成的工具,而且会自己制造工具,它会把树枝上的叶子摘去,然后将其截为适当的长度,用来掏白蚁窝中的白蚁,等白蚁从窝中爬出来,黑猩猩就把它们当点心吃。小猩猩会跟着长辈学,可是要技术到家,得花四年工夫呢。西非的黑猩猩会把石头当锤子来敲开核果食用,东非的黑猩猩就不会。

猩猩"宇航员"

黑猩猩还是先于人类进入太空的第一个"宇航员"。

表情丰富的猩猩

黑猩猩有喜、怒、哀、乐的表情，还能通过不同的表情、姿态、手势和发出不同的声音，来交流情况和表达感情。

会驾飞机的猩猩

轻型飞机驾驶员大卫·史密斯在飞行中因心脏病突发而昏迷，随机飞行的猩猩芝芝代他操纵飞机安全着陆。芝芝曾随大卫飞行过多次，因此能够模仿操纵飞机的动作。

身手不凡的"猩猩兵"

有数以千计的猩猩在接受正式军事训练，目的并不是为了表演，而是真正到沙场作战。据说美国在索马里、伊托克及海地等战役中，派上了用场。

利用聪明且身手敏捷的猩猩上前线作战，是美国一家由退役军人组成的私人训练公司的主意。他们希望美国在对外作战中，不用美国军人也一样可以完成任务，主要目的是为了减少军队伤亡。

事实上，他们的计划也获得美国军方高级将领的支持。原因是美国政府在派遣军队出外作战时，无论武器如何精良也会有伤亡，这引起国内舆论的不满，令政府受到很大的压力。

一名高级将领说："在得克萨斯州的一个秘密军事基地中，现在已有5000只猩猩接受训练和观察，以决定是否可以代替军队。猩猩虽然体形小，但具有很高的智慧，学习能力也强。我们现在想知道的是，猩猩在战场上能否分辨敌我，并遵守规则。我们的长远计划，是希望可以用猩猩完全代替人类作战。在用刀杀人和瞄准射击两方面，猩猩是可以应付自如的。它们体力强壮，在野外适应力比人类大得多。"

据说美国出兵索马里，曾经派出"猩猩兵"作战，结果大多可以完成任务。

据队长卡米纳迪说："当它们接受训练时，我觉得好像在表演马戏。但当它们真正执行任务时，却出乎我的意料之外：两只黑猩猩走近一名索马里兵后面，在5秒钟内将他们制伏。在夜里，它们行动快如闪电，当敌军发现时，要反抗已经太迟了。据估计，将来会有更多'猩猩兵'在战场上亮相。"

神奇的动物本能

象——动物军队的重型坦克

如果说发达的肌肉是健美的象征,那么大象是动物中当之无愧的健美冠军。这位身体魁伟的大力士,光是那根既能抬起树木又能灵巧地拾起一枚钉子的大鼻子就有4万块肌肉,这大约相当于人体肌肉总数的70倍。象的大脑重量只占自重的0.08%,这个比例数比老鼠要低得多(老鼠大脑重量是自重的3.2%)。但象并不笨。它会使用工具,例如用鼻子抓住树枝搔痒。象"踢足球"的历史远远早于人类。幼象用一些柔韧植物的根茎裹上泥土,制成大球,然后津津有味地在河边平缓的空地上踢着玩。在东南亚各国,大象是翻山越岭的理想邮差。它仅仅是"举脚之劳",便能轻松地攀上45度的陡坡,86头训练有素的大象,终年穿行在缅甸的哈卡—皎托—洞鸽一带邮路上,形成了举世闻名的"象邮之路"。

大象求医

为了认识大象,先让我们来听一个大象求医的故事:不过这个故事的主角不是"象兵"而是"象民"。

一天早晨,赞比亚卢安瓜自然保护区的管理人员刚打开管理处的大门,只见一只大象站在门口,对着院内高声吼叫,工作人员嫌它吵得慌,便拿着大木棒呼喊着把它赶走了。第二天清晨,当他们打开大门时,又见这只大象站在门口,这次它是伏在门前,除了叫喊之外,还用长鼻子把管理处将要开出去的巡逻车的车头用力推向另一方向。管理人员听得出,大象的叫声似乎带点凄楚,猜想可能有什么事情。于是,他和管理处两位动物学家一起,坐上巡逻车,按大象鼻子所推拨的方向开车缓缓驶去。大象随即站起,跟在车子后面,并用鼻子推着车后,催促车子快开。车子沿丛林中的公路行驶了一段之后,大象便在后面高声叫喊,管理处的人员立刻停车,在森林中看见一群大象,围着一只被偷猎者打伤的母象,伤势不轻,旁边还躺着一只出生不久的小象,因没有奶吃,已奄奄待毙。象群见来了人,便纷纷走开,只剩下受伤的母象和小象。

两位动物学家从巡逻车上取出常备的药物和医疗用具,为母象包扎伤口,又去取来牛奶喂养小象。此后每天他们都到那里给受伤的母象换药和喂饲小象;一连20多天,受伤的母象基本痊愈,能够站立行走和喂小象了,他们才不再去了。

古老的战象

在中国象棋中,象是一个很重要的角色。在现实生活中,象确实曾经在战争舞台上做过一番精彩的表演。

最早用大象进行作战,据说是印度。在古代,骑兵曾风行世界,成为国家强盛的重要标志。印度由于气候关系难以培养出品种优良的马匹,因此,它的骑兵很少。为了加强其国防力量,就把大象训练来作战。据说大约在公元前600年的时候,印度就开始用大象进行作战。古印度亚格伯皇帝在一次战争中利用300头大象参战,踩死敌人士兵无数,一举攻占了有8000名敌军据守的希托安要塞。这种巨型动物组成的部队突然出现在战场,好像是不可战胜的庞然大物,使敌人恐慌万状,从来不敢等闲视之。加上大象生性聪明,力大无比,势不可挡。当它刚出现在战场上的时候,给敌军在心理上产生巨大的威慑作用。好比第一次世界大战坦克刚使用于战场一样,曾使对方束手无策。因而大象的使用很快扩大到了近东和非洲地区。迦太基统帅汉尼拔在同罗马人作战中就曾使用过战象。

第二次布匿战争之后,古罗马人曾迫使迦太基人接受和谈,规定在作战中禁止使用大象。

我国是最早使用大象作战的国家之一。据考证,在殷初或更早的年代,可能有过象车出现。春秋时候,吴国同楚国作战,一直打到了楚国京都。楚王弄来一群大象。在象鼻子上系上尖刀,尾巴上绑着火种,让象群列队出阵。

人们在它尾上点燃火把,使其拼命向前猛冲,终于把吴国军队赶跑了。

传说中国南北朝时宋国名将宗悫,被文帝(刘义隆)任命为"振武将军",征讨林邑国。在战斗中,林邑国工一见宋军到来,便命令大象部队出战。由于象的力气很大,皮也厚,刀枪不易杀伤,宋军难以取胜。于是,宗悫便设计制作了一些狮子的模型,上阵迎敌。象见假狮子,吓得乱跑。宗悫乘胜追击,获得大胜。

尽管大象具有很大威力,也有很多局限性。一是目标大,容易被发现和击伤;二是不太听指挥,很容易四散乱窜,反而将自己的队伍搞得乱七八糟。由于有这些弱点,各个国家很快找到了对付大象的办法。如印度军队用沉

神奇的动物本能

重的铁箭和燃烧的火箭射击大象;希腊军队用与现在的反坦克地雷场相似的办法,将铁火桩连环埋在大象必经的地方,以划破大象柔软的脚等。

从此以后,大象作为作战部队逐渐在战场上消失。但是,如今大象作为运输工具仍在东南亚一些国家中存在。

如柬埔寨爱国武装力量,在反抗越南侵略的战争中,以大象担负前输后送的任务,往返于深山密林之中,发挥了重要作用。现在,泰国还存在训练大象的专门学校。训练大象用头推倒大树,用脚蹬踏地面,用鼻子搬运木料,发动推土机和电锯上的引擎,以及在狭窄的树林小道上行走保持平衡等。教会大象这些本领,目的是使它更好地为人类服务。但在战争情况下,无疑也可以为战争服务。

"白象王国"的象军

泰国人喜爱大象,崇拜大象,这不仅是古代神话传说中大象总是吉祥的象征,而且也是因为在人们的日常生活中,象与人确实结下了不解之缘。在泰国的历史风云里也常常出现象的足迹。

象一般是黑色的,因此,一旦发现或捕获白象,就是十分罕见的事,古时,泰国人以此作为国运昌盛的吉祥之兆。

泰国大城王朝十六世王时期,曾因获白象 7 头,群臣劝王晋号"白象之君"。此时,泰国以"白象王国"的美名蜚声中南半岛。

大城王朝时期,白象还被作为"友好使者"送来我国。据《明史》卷三二四暹罗条记载:"三十二年遣使贡白象及方物,象死于途,使者以珠宝饰其牙,盛以金盘,并尾束献,帝嘉其意,厚遣之。"

现今的曼谷王朝拉玛二世时,曾因喜获白象 3 头而改国旗,把当时一色红的国旗,改为红底中有白象图案的国旗。至拉玛六世时则有明文法规,凡捕获到的白象都要献给国王,被王宫接受的白象称为"御象",尊为国宝。

每年 11 月 10 日是泰国的象节。那一天,全国各地的大象"健儿",要在素攀市举行运动会,进行拔河、举重等项比赛。

大象虽然体态笨重,行动缓慢,但却聪明乖巧,跋山涉水,如履平地。在泰国和其他东南亚国家的历史上,经过训练的象,在战争中不但是交战双方帝王将相的理想坐骑,而且还是双方的主要武装力量。在 200 多年之前,泰国王家军队中曾有 2000 头训练有素的战象,当时连国王出巡也都是骑着大象,在曼谷大王宫中至今仍完好无损地保留着一个 3 米多高的御象台,是专供国王乘象而设立的。

作战时,经过训练的战象,冲锋陷阵,勇往直前,给对方以很大的威胁。正因为象体笨重庞大,有如现代战争中的坦克和大炮,在古代战争中,常用它破城门,毁营棚,拔鹿寨,无坚不摧。一头战象,其背上常设一象舆,舆中插有各种长兵器,坐一战将,前后各配一驭象手,他们都是既武艺精通,又能熟练指挥战象的兵将。在象的四条粗腿旁,各有一士兵手持武器保护象腿。这样便组成一个独立的作战单位。

如果象颈上坐的是帝王或统帅,象舆中则坐一士兵,双手高举长长的孔雀尾羽,相当于军中的号兵,给自己一方以信号。

一次重大的战役,投入战斗的大象,有时多到几百头,远远望去,宛似滚滚黑浪席卷而来,势不可挡。

一头有功的战象,还受到封官晋爵的待遇,爵位高至"昭帕耶",相当于我国古代"公、侯、伯、子、男"中的"公爵"。

泰国历史上有功的战象名载史册。如素可泰石碑上记载着素可泰王朝膺塔拉贴一世王时期,19岁的王子兰堪亨骑象奋战敌酋,营救父王,反败为胜的事迹。王子的英名与其坐象的名字——"馁蓬"一起铭刻在石碑上。

在泰国历史上最著名的一次象战,是泰王纳黎萱同缅甸王储帕玛哈乌拔拉的一次战斗。

1569年,泰国大城王朝被缅甸灭亡。1584年泰王子纳黎萱在肯城自立为王。缅王闻讯,于1592年派王储帕玛哈乌拔拉率兵讨伐。纳黎萱与弟帕埃戛托萨录在素攀府领兵迎战。当缅军刚进入泰军埋伏圈时,伏兵四起,缅军阵乱。其时,泰王及其弟所骑之象春情勃发,见敌象奔逃,立即追赶,尘土蔽天。待尘土渐落,泰王发现已陷入敌阵,只见缅王储骑象率众立于树阴之下。泰王当即以言相激曰:"皇兄!为何呆立树下,敢来一决雌雄否?良机莫失!"当时,缅王储若要一声令下,将士蜂拥而上,泰王及其弟必被杀或被俘,因为泰国王周围只有数名随从。然缅王储也非闻鸣镝而战股之辈,若不应战,有失王威。泰王话音一落,缅王储就催动坐象向泰王坐象撞去,撞得泰王坐象横向缅王储,王储乘势举刀砍去。泰王俯首闪过,砍破帽盔。此时,泰王坐象回过身来反撞缅王储之坐象,也使其象横向泰王。泰王举刀猛砍,正中缅王储之右肩,王储当即死于象颈。缅军见将帅已死,无心再战,退兵而回。

这次象战,泰王纳黎萱名闻遐迩,威震四方,对泰国历史起到重大的影响。这以后,150年间无人再敢染指大城,侵犯泰国。象战中泰王坐象——昭帕耶猜耶势拍,与泰王一起名垂青史。

今天,在泰国素攀府,矗立着一座泰王纳黎萱骑象出征的纪念像。每年素攀府都要举行象节游行,大象被装饰得彩色缤纷,驭手戴盔穿胄,手执长矛,其他的象手也按古时装束打扮,活像一支古代出征的象军队列,以此纪念泰国历史上这场著名的象战。

邓子龙破象阵

明朝万历年间,汉奸岳凤勾引外敌入侵云南。敌人拥有千万大军,象队、马队,浩浩荡荡,直逼姚关、施甸、永昌、危及云南全省。铁蹄所至,人民遭殃。

无数战象,身披甲衣,刀枪不入,身驮"战楼",内藏枪手、弩手,好似现代的坦克,威风凛凛,所向披靡。云南巡抚刘世曾苦无破敌之策,焦急万分。

这天,刘世曾突然想起一个人来。他叫邓子龙,1531年生于江西丰城,1558年中武举,后转战于今福建、广东沿海抗倭战场,由小旗升至把总,是难得的将才。经刘世曾举荐,1583年(明神宗万历十一年)邓子龙被任命为永昌卫(云南保山)参将。刘世曾命邓子龙率数千兵丁星夜驰往前线抗敌。

邓子龙骁勇又稳健,精于用兵。他与敌人对峙,任凭敌人叫骂讨战,并不贸然出击。只是带领少数随从,骑马四处察看。经过反复思考,他终于想出了破敌良策。象、马战阵虽然厉害,但到了狭窄地带,就难以发挥作用,只能挨打了。

因此,邓子龙决定把敌人诱入预先选好的战场。

这时,敌方派来间细向邓子龙诈降。邓子龙识破了敌人的伎俩,将计就计,对敌方间细殷勤接待,装出十分信任的样子,任其在营中到处走动。间细看到,明军不足万人,而且军纪涣散,士兵怯战,武器不精,不觉心中暗喜。

夜间,邓营中竖起两个纸扎的庞然大物,里面点着油灯。间细问道:"这是什么东西?"邓子龙说:"这是怯象神灯,敌人的象队见此物必然后退。"间细自以为探得邓军机密,急着回去报功。

邓子龙暗中通知卫士佯装瞌睡,不加拦阻。

敌军头领听了间细的报告,决定对邓军发起进攻。前边是象队,后边是马队和步军,气势汹汹,直扑邓营。邓子龙在山道口、栅栏旁,早布下火弩、利箭,严阵以待。等象队走近,只听一声令下,火弩齐发,雨点般落在象背的战楼上。

顿时,烈焰升腾,象队大乱。埋伏在壕沟里的邓军士卒一跃而起,手持利剑,专砍象鼻。缺了鼻子的大象,疼痛不已,折身回窜,与马队相撞,战楼坠地,人死马翻。巨大的象掌,在敌阵中乱踩,敌军死伤无数。邓子龙乘机挥军掩杀,十万敌军败如枯朽。

战后,邓子龙命人烹杀大象,犒劳三军。

猴——勇敢的"猴兵"

猕猴的生理特点接近于人类。猕猴的大脑发达,行为复杂,记忆力和模仿性都很强。猕猴行动敏捷,善攀援跳跃,会泅水。猕猴是世界上重要的高等实验动物,对于医学、心理学和航天飞行等方面的科学研究,都是理想的实验材料。猴子还曾在战争中一展风采。

猴子趣闻

疟疾自疗生长在热带森林里的猴子,比人类更早发现了金鸡纳树对疟疾的疗效,当它们患上疟疾时,就会啃嚼金鸡纳树的树皮,达到治疗的目的。

非洲尼日利亚的喀萨、祖鲁等地,人们将母猴和小猴拆散,使它们分居两地。再把装有信件的竹筒绑在小猴身上,然后放掉小猴,任其按原路去寻找"母亲"。从而实现信件的传递,小猴能百找百中。

科学家研究证明,经过训练的猴子能够用"钱币"来交换实物。一只吃饱喝足的猴子身旁放了大量香蕉,隔着笼子的另一只饥饿的猴子则拥有一些玩具。这时,猴子就会拿出三角牌来向毗邻的猴子购买香蕉,而吃饱喝足的猴子在给了香蕉后,也会挑出圆形牌向另一只猴子买玩具。

美国动物学家李杰经过一年的努力,成功地将4只性格温顺的金毛猴训练成为出色的"守林者"。这些守林猴在守林高塔上眼观六路,耳听八方,警惕着林中升起的每一缕可疑烟雾。如遇火灾,它们会马上按动设在塔上的无线电报警器报警。不过守林猴工作起来耐心不够,每隔2~3小时就得换班。

在泰国设有猴子学校,训练猴子采摘椰子。一只训练有素的猪尾蛮猴一天之内可以摘到1400个椰子。前不久,猴子学校的毕业生们举行了比赛,获胜者在半分钟里摘下了9个椰子。

动物学家发现,猴子会使用不同的声音来报告不同敌人的来临。如遇见豹子,它们会发出狗吠似的"汪汪"声;看见秃鹰,就发出一声低沉的喉音;见到逼近的毒蛇,则发出急促的"嘶嘶"声。

世界上最小的猴子生长在南美洲亚马孙河上游森林中的侏儒猴,身高10～12厘米,重80～100克,只有人的中指大小。通常一胎产两仔。刚出生3天的小猴仅3厘米高。猴毛呈黑色,密而长,外形像哈巴狗。它们喜捉虱子吃。最大的敌人是鸟,瑞典斯德哥尔摩的乔纳斯。瓦尔斯特龙家里养了两只猴,每只不超过四五厘米,小到可以爬在你的食指上。

千猱破寨

宋徽宗政和年间,晏州地方民族首领卜漏反叛宋朝,他们占据的轮囤山山高林密,卜漏在山上用石头砌成城堡,城堡的外面围上木栅栏,所有上山的道路都挖下了陷阱,狭窄的关隘有士卒严密把守。

兵部尚书赵通奉命讨伐卜漏。他围绕山的四周观察了一番,发现旁边有一悬崖绝壁,卜漏倚仗天险而没有设防,他又发现山上有许多猱(nao,一种猴子)。于是他想出了一个破敌的奇妙办法。他派壮丁捕捉了数千只猱,用麻浸上蜡油做成火炬,绑在猱的脊背上。一切安排好了之后,赵通就率领一部分军队攻打卜漏的正前方,从早打到晚,以吸引敌人的注意力。暗中派遣士兵从悬崖绝壁处,偷偷地登云梯把猱送上山,待靠近敌人的栅栏时,点上火炬,火炬燃烧,吓得猱群向敌人的住处狂跑起来,敌人的住房都是用茅竹盖起来的,猱蹿上去后,立即点着了房屋,敌人呼号奔逃。人一乱跑,猱更加受惊四处奔跑,火燃烧得更加炽烈,这时,官兵一齐鼓噪前进,冲破栅栏。在前后夹攻之下,敌人被烧死的、跳崖摔死的不计其数。卜漏突围逃跑,被官兵追上捉获。

戚继光以猴助战

戚继光(1528—1588)是明朝抗倭名将。祖籍安徽定远,生于山东济宁。17岁袭父职任登州卫指挥佥事,从军终生。曾写下"封侯非我意,但愿海波平"的名句,表达了爱国宏愿。

1555年调浙江都司,次年任参将,镇守宁波、绍兴、台州三府。曾以岳家军为榜样,编练军队,人称"戚家军",令倭寇闻风丧胆。

戚继光曾训练数百只猴子,教会他们施放火器。有一次,一队倭寇入侵,戚继光预先埋伏好伏兵,接着放出带着火器的猴群,让它们闯进倭寇的营寨。当时倭寇毫不在意,突然一声炮响,猴子纷纷放出火器,瞬时间,火光冲天,浓烟滚滚,伏兵随之冲入敌营,经过一番厮杀,全歼倭寇。

鱼老哥,你怎么上树去"度假"啦

判断对错,鱼可以生活在树上。

鸟生活在树上,鱼儿生活在水里,没有人怀疑。

但是有一种奇特的鱼类,每年都会躲到树上栖息几个月时间,进行无水度假。世界上有这种怪异的鱼类吗? 离开水的鱼能生存吗? 还在树上一活就是几个月?

我倒想看看这是什么奇特的鱼类。

在伯利兹和佛罗里达沼泽,科学家发现数百条鱼游出水面。它们躲到烂树枝和树干里来"度假"了。这就是红树鳉鱼,一种非常奇特的鱼类,每年都会来树上栖息几个月时间,进行无水度假。

在树上它们藏在烂树枝和树干里,跟动物那样呼吸空气,很神奇。也有管红树鳉鱼叫花溪鳉的。能够打破本性难移的定律,实属惊人!确实令人不可思议!

更意外的是,鳉鱼没有配偶也能"生儿育女"。能说这种鱼类不怪异的吗?

生活在佛罗里达、拉丁美洲以及加勒比海地区的花溪鳉长2英寸左右。长满红树林的沼泽地内,以池塘和被淹的蟹洞为家。池塘干涸了,他们就寻找新居所搬家。花溪鳉沿着烂树槽,排队往树上爬。完全突破了鱼类动物标准的习性。

那么,花溪鳉是改变身体结构适应水外生活,新陈代谢方式也需要改变

的,怎么变的呢? 上树了,花溪鳉的腮储藏水分和营养物,通过皮肤呼吸。几个月后,回到水中,花溪鳉又恢复鱼类的本性。

花溪鳉生儿育女不用夫妻结合,卵在体内受精,胚胎被排到水中,自己就能解决后代问题。

同学们,这次你对能在树上生存数月的鱼类不再怀疑了吧!

鸽——带翅膀的电报

鸽子——和平的使者,这恐怕在当今世界任何国度里都是无可非议的。然而,这可爱的小家伙并不是从一开始就充当这一角色的。

远在上古时期,人们把鸽子看作爱情使者,而非和平使者。比如在古代巴比伦,鸽子乃是法力无边的爱与育之女神伊斯塔身边的神鸟,而在当时,民间则把少女称为"爱情之鸽"。

大概一直到纪元初,鸽子才被当作和平的象征。《圣经》上记载,9000 多年前,上帝耶和华为惩罚人类的罪恶,制造了一场洪水浩劫,只留下守本分的诺亚一家。诺亚按照上帝的旨意,用歌斐木造了一只方舟。当滂沱大雨狂泻了 40 个昼夜之后,世界上最高的山被淹没了,人与飞鸟、走兽等一切生灵也都被淹死了,只有诺亚的方舟载着一家老小和各种成双的动物漂浮在无垠的水面上,逃过了这场毁灭性的灾难。十余日后,他们放出一只鸽子,鸽子衔回一枚橄榄叶。据此,诺亚夫妇知道家乡的水已退,于是回到家乡去了。

16 世纪波澜壮阔的宗教改革运动,赋予鸽子新的使命,使它成了圣灵的化身。新教徒鲁卡斯在一本书中写道:"耶稣在做祷告时,忽然天门洞开,圣灵化为一只鸽子朝他飞了下来……"在文艺复兴时期法国最伟大的画家丢勒的一幅版画里,圣母马丽亚的头顶上有一只圣灵化身的白鸽。而在宗教改革时期的绘画作品中,宗教改革之父马丁·路德的头上更是经常出现象征天命的鸽子。

直到 17 世纪,三十年战争宣告结束时,鸽子才"官复原职",再次充任和平使者。当时,德意志帝国各个自由城市发行了一套纪念币,图案是一只口衔橄榄枝的鸽子,底下有"圣鸽保佑和平"的铭文。

德国狂飙突进运动时期杰出的代表席勒很早就把鸽子从宗教意义上的和平象征引入到政治。在其名作《奥兰西的姑娘》的序幕中,他让法国抗英女英雄贞德庄严宣告:"奇迹将会出现白鸽将要起飞,她将以鹰的勇气,去击败那蹂躏我们祖国的秃鹫!"在此,鸽子已不再是毫无抵抗力的希望之象征了,它成了斗士!

把鸽子作为世界和平的象征,恐怕是西班牙画家毕加索的一大发明。1950 年 11 月,为纪念社会主义国家在华沙召开的世界和平大会,毕加索特意挥毫,画了一只昂首展翅的鸽子,当时,智利著名诗人聂鲁达把它称为"和平鸽",从此,作为世界和平使者的鸽子,就为各国所公认了。

无言的通信兵

鸽子有惊人的导航能力。1978 年,美国科学家发现在鸽子的头部有一块含有丰富磁性物质的组织磁石。它不仅能靠太阳指路,还能根据地球磁场确定飞行方向。因此,即使远在千里之外,依然能重归故土,从不迷失方向。据记载,1935 年,有一只鸽子整整飞了 8 天,绕过半个地球,从越南西贡风尘仆仆地飞回法国,全程达 11265 公里。

由于鸽子有导航的特异功能,自古以来,就广泛地用于军事通信。大约公元前 2000 多年,古罗马凯撒大帝的将军们在战争中已开始使用信鸽。相传中国远在楚汉相争和张骞出使西域的时候,鸽子就被用来传递信息了。在交通和通信不便的古代,城市的商人也常把鸽子作为互通行情的工具。那时的航海者在远航时,也免不了要带上几只鸽子,用它们来传递家信和报告归期。即使在科学发达、交通方便的现代,世界上几乎所有国家的边防军,也仍然用鸽子当"义务通信兵"。

在战争史上,所有参战的动物中,信鸽是战功显赫的,它与军犬不分高低。它历来被编成"通信兵",担负传递信件、药品和文件的任务。

法国革命以后,拿破仑征服欧洲。但终于在 1815 年败于滑铁卢之役。当时,见到战况的罗斯奇尔德用信鸽将战况通知伦敦,竟使股票交易进行顺利,获利甚厚。这就是信鸽在一夜之间使他骤变为富翁的佳话。

1870 年普法战争时,巴黎被德军包围,与外部的联系完全断绝。但这一期间与法国各地的通信一直保持到最后,就是由信鸽一手承担的。随后,法国人民对此很受感动,从而热衷于饲养信鸽。

在第一次世界大战期间,信鸽曾为交战双方做出不少贡献,在第二次世界大战中发挥了更大的作用。

德国是世界上建立军鸽最早的国家,第一次世界大战期间,德国许多城市都有相当数量的军鸽房,每个鸽房可容纳400只军鸽。在战争中经常会发生电话线路被炮火摧毁,无线电通信也因气候恶劣、地形险阻不能畅通的情况,这时优秀的军鸽能大显神威,将重要的军事情报迅速送到目的地。

英国空军于1916年建立拥有11万只军鸽的军鸽团。

1936年成立了全国信鸽学会,到第二次世界大战前已为英军培育了20万只优秀信鸽并为驻英美军提供了5万只信鸽。英军的军鸽被分配到各种战斗机上以及陆军情报部门。当时每名英国伞兵胸前带有一个圆筒军鸽笼,这种装备成为英国伞兵标准装备。

美国于一次大战后先后在新泽西州、南卡罗来纳州一些地区建立了数所军鸽学校,培养出大批驯鸽人才和军鸽。美国军鸽事业发展极为迅速,军鸽部在一位将军领导下不仅在本土建立了许多大型军鸽场,还在北非、意大利、英、法、德、缅甸、印度、冲绳岛建了军鸽场。

1942年,正在海上航行的一艘法国轮船出了事,由于对外联络中断,船上数千人的生命危在旦夕。幸好,有一只信鸽把遇难的信息传了出去,结果船上的人被营救脱险。人们为了感谢鸽子的救命之恩,在法国首都巴黎修建了一座鸽子纪念碑。

军鸽携信的原始方法是将信函装入鹅毛管内,以蜡浸丝线系在信鸽尾部。照相术问世后,信鸽一般携带薄而轻的软片。一只军鸽一次可带18张软片。

今天,人类虽然进入了卫星通信的时代,世界各国信鸽的数量仍有增无减。据有的资料介绍,仅保持4万现役军人的瑞士,在军队中服役的鸽子多达4万余只,与其军队人数的比例几乎是一比一。

"美国大兵"和"爱咪"的功勋

绰号"美国大兵"、足环号USA43SC6390的雨点花雄鸽,是第二次世界大战中最著名的美国军鸽,当时在意大利英国第七兵团司令部值勤。1943年10月18日英军第五十二师正在进攻德军占领的柯尔维·维契亚城,英国步兵要求空军支援，轰炸该城以削弱德军防御。空军答应要求并开始做出动准备。可是这时候英国步兵进展很快，突然拿下该城，而司令部并不知道这个新战果。空军一旦起飞执行任务，炸弹必然落在自己人的头上。在千钧一发的紧急时刻，"美国大兵"的足筒内带着这个最新战报展翅疾飞，迅如闪电，仅用20分钟就飞了32公里，及时飞到司令部。这时轰炸机的马达已在隆隆作响，准备起飞。情报及时送到，挽救了1000多英国兵的性命。

"美国大兵"因此获得了英国政府颁发的"迪金"勋章。在二次大战中，共有32只鸽子获得这种勋章。

第二次世界大战中，美军军鸽部成立了中国分部。首批运往中国的军鸽从佛罗里达空军基地出发，到太平洋海岸后，装上军舰，运达印度加尔各答，然后用军用飞机转运到昆明和重庆，并在那里建立军鸽基地。为了适应战场的需要，美国军鸽房可以移动，无论这种房盖涂有特殊标记的鸽房移到何处，军鸽返巢时都能识别出来。一次，一批美军越过前线进入敌人阵地，被敌人重重包围，粮食、军火即将用完，通信联络也已中断，当时这批美军只剩下一只叫作"爱咪"的军鸽，他们将求援的一线希望寄托在这只军鸽身上，当"爱咪"携带情报起飞后，先在它所栖息的鸽房上空盘旋几周，似乎要认清自己的基地似的，然后在炮火掩护下，勇敢地向目标飞去，顺利地完成了任务，然而"爱咪"的胸部和腿都受了伤。"爱咪"这次飞行立了大功，主人精心为它治疗，死后将它的"遗体"放在军鸽博物馆中。美军为数百只像"爱咪"那样立下战功的军鸽建立了详细战功档案，"遗体"都放在博物馆中。

"听话"的侦察兵军

鸽不仅用作通信，而且用于侦察。让它带上微型照相机或其他侦察器材，到对方阵地上去搜集情况，为军事指挥员决策提供战场信息。

70年代初，美国情报机关独出心裁地研制出一种大功率的窃听器。他们先把它系在经过专门训练的鸽子身上，然后再把一束激光射向要窃听的目标(如某个房间的窗户)，鸽子就会乖乖地按着激光的导向，飞落到这扇窗户的窗台上。这只不寻常的鸽子用嘴啄一下它身上的按钮，窃听器就脱离鸽身，开始窃听，而这只"听话"的鸽子就又轻松地飞回原地。

美国的海岸警卫队利用4只鸽子来搜寻遇险落海的飞行员。这些鸽子被安置在直升机上，它们一旦发现目标，就会啄动一个按钮，这个按钮与驾驶室内的"发现目标指示灯"相连。

军鸽取药救战友

我国是世界上使用信鸽最早的国家之一。我军从 50 年代起,每年都选征大量信鸽入伍。

1979 年对越自卫还击作战中,我军一侦察员忽患急症,必须立即赶到后方取药。如果派人,途中往返至少两天,这将危及病人的生命。军鸽员当机立断将任务交给服役的 4 只鸽子,结果只用了 30 分钟的时间,往返传递,取回了必需的药物,使病员得到了及时抢救。

麻雀——"播火兵"

20 世纪 50 年代,麻雀在我国曾被定为"四害"之一,被判处"死刑",人人得而诛之。但是麻雀并没有被消灭,现已得到平反昭雪。

顽强的麻雀无论是论长相,还是论歌喉,麻雀都很难登大雅之堂,因此没有人会注意这种极不起眼的小生命,更不会有人像养画眉、百灵、鹦鹉那样把麻雀当成观赏鸟来饲养。但是,鸟类学家的研究表明,麻雀是世界上生命力最顽强的鸟类。

据科学家的研究,在 300 年前,麻雀仅分布在亚洲和欧洲的大陆上,但是现在,在全世界的各个角落都能看到麻雀的身影。以美国为例,在 1852 年以前没有麻雀,后经引入和繁衍,目前,麻雀已经遍布美国各州,并成为美国最常见的鸟类。甚至在人迹罕至、生存环境极为恶劣的阿拉斯加,也有麻雀那小巧的足迹。在人类不断破坏环境,大量鸟类濒临灭绝的时候,唯有麻雀"雀丁兴旺"。据估计,目前全世界麻雀的数量约有 100 亿。

麻雀除了经常出没房前屋后、丛林野外,还经常光顾甚至栖息在一些出人意料的地方。几年前,人们惊奇地发现,一个庞大的麻雀家族竟生活在伦敦地铁里。这些小家伙出入地铁站时还会"坐电梯",即使是在上下班的高峰时间,它们也要堂而皇之地挤进电梯,而从来不走"冤枉路"。另外一个麻雀家族,则看中了英国伦敦希思罗机场的旅客候机大厅。每天来来往往几千名世界各地的旅客给这些麻雀留下了丰富的食物,因此,它们从来不用外

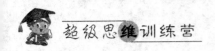

出觅食。而一年四季享受机场的中央空调。

与"地铁麻雀"和"机场麻雀"相比,生活在英国一座矿井下的麻雀就更令人感到吃惊了。1975年,一名矿工在深达650米的矿井里发现了一对"麻雀夫妻"。这对"地下夫妻"竟然在这暗无天日的矿井里生活了5年之久,而且还养了十几个"黑孩子",鸟类学家在对这些"地下鸟类"进行了长期观察以后发现,由于终日见不到阳光,这些麻雀的生物钟已被打乱,它们的"作息时间"极为混乱,完全遵循"饿了就吃,困了就睡"的原则,它们的主要食物多是下井干活的矿工留下的。但是,它们是怎样在黑暗中找到食物的却是一个不解之谜。

科学家们认为,麻雀家族之所以能如此不断"发展壮大",原因之一是麻雀的相对脑容量(即大脑重量与身体重量的比例)和大脑皱褶,都在鸟类中名列前茅。这说明,"麻雀虽小,智商不低"。

科学家们预言,麻雀和另一种生存能力极强的动物老鼠,将成为地球上最后的"飞禽"和"走兽"。

雀撒火种攻城

唐将薛礼(薛仁贵)征东时,高句丽西部大人渊盖苏文退守岩州城(今辽宁省辽阳地区)。这座城池非常坚固,城里粮草如山,有利于长期坚守。薛礼几次都没有攻破,一筹莫展。这时,有人献计。薛礼听他如此这般讲了一遍,激动得高声叫道:"妙极了!"

第二天,薛礼命所有的士兵去捉麻雀,然后放到笼子里饿着。同时,薛礼又下令把城外四周的草垛全部烧光。

一天清晨,刮起了大风。薛礼吩咐士兵把硫磺和火药装在小纸袋里,用纸绳系在麻雀爪子上。士兵们同时将成千上万的麻雀放了出来,由于城外找不到草籽和粮食,麻雀都飞到了城里的草垛上,攫食时挣断了细纸绳,一个个小纸袋就留在了草垛上。这时,从城外又飞来一群群爪上系着香火头的麻雀,它们刚一落下,大火顿时冲天而起,整个岩州城顷刻大乱,陷入一片火海。薛礼乘机挥兵攻城。盖苏文见大势已去,弃城夺路而逃。

别以为人类才有逻辑思维

广西壮族自治区，有个老人年逾六旬，养了一只猴子，经常喂它柑果、芭蕉和甘蔗。热天给它煽风，冷天给它穿棉衣，猴子与主人感情深厚。

后来，老人突然患急病，上吐下泻的，休克了。猴子见状，整整大哭了四天。由于医治得比较及时，老人的病情好转了，猴子这个高兴啊，在老人面前翻筋斗，它在向主人祝贺康复呢。

动物与人之间有着理解和感情纠葛，但是动物有我们人类一样的逻辑思维吗？

植物、动物和人类三种生物中，其中的植物有生命无思维，其中的动物有形象思维。只有我们人类既有形象思维又有逻辑思维，我们有认识和改造自然的能力。

最近植物学家和动物学家展开了一项有趣的调查研究。主要是对过去未曾涉及的领域和现象再认识、再探究。结果发现了，植物也有感情，植物也会记忆的。还发现了动物也有逻辑思维能力，尤其是猴子逻辑思维能力更复杂呢。

我们人类，是具有形象思维和逻辑思维，还有特异思维的。大脑中除有用于形象思维和逻辑思维的第一、二信号处理系统外，还有用于奇异思维的第三信号处理系统，比如我们看的三维动画……

通过研究表明，不管是蜘蛛、兔、猪、马、鹰等低等动物，还是猴、猩猩之类的高等动物，都有模仿能力和逻辑思维能力的。

在动物园里，猴子也会用撒尿的方法报复那些戏弄它的人，对于伤害它的人，它也用抓搔的方法对付。动物园有的猩猩要是跑开了，就会将关在笼子里的猩猩同伴都给打开放走。聪明的猩猩，还有的与人斗智救幼仔的事例呢，这都说明了它们是有逻辑思维能力的。

野人到农村抢人，还把"俘虏"关在山洞中。白天野人外出玩耍还将大石头堵在山洞的洞口，怕人逃跑。晚上回来才搬开。这都说明动物是有逻辑思维能力的，只是程度比当代的人低些罢了。

天津某镇的村民董某，曾经发现田间有黄鼠狼出没，于是买了鲜肉，锁在设计的机关上，晚上布在田里。

第二天一早，夹子上的肉饵都没有了。董某再次买肉饵，这回晚上便趴在沟边观察。

深夜，只见十多只黄鼠狼跑来，大黄鼠狼两后爪着地，抱土块，把夹子砸翻。之后所有黄鼠狼一窝蜂地抢肉饵吃。黄鼠狼与"猎人"斗智，胜了，说明了动物具有逻辑思维能力。

经过训练的海豚的表演，技术可高了。大象经训练后，也懂事得很呢，它们将人卷起，和人一快照相，照后再将人轻轻放下。如果我们奖励它，给它东西吃后，它们还会做出谢谢的表示呢。动物有思维，有感情、有动物间语言，这是真实存在的。

猪——活探雷器

为猪树碑,或许会令人咋舌,可是在西德的一个小镇上就有一座猪的纪念碑。关于这座纪念碑,还有着一段趣闻。相传这个地方过去缺盐,以致盐价高得出奇。有一天,镇上居民发现一头猪老在一个地方拱土,挖开一看,地下竟是一座盐矿,于是知恩的人们便建立了一座猪的纪念碑,以表达他们的感激之情。

美国一头名叫"普里斯希拉"的母猪,不久前因救活主人家一个溺水男孩而获得勋章。当时,小孩紧紧抓住这头猪,猪从容不迫地把孩子从湖中心拖到岸边。

"活探雷器"

自古以来,人们就知道猪肉好吃,但人们对猪却存在着很深的偏见,嫌它脏、笨、懒、馋。其实猪并不笨,经过训练,能学会狗所能够做的任何技巧,而且比狗学得快。猪会打滚、跳水、跳舞、取报纸、拉车子,甚至还会把东西找回来。在战争年代,人们把它赶到地雷场去,让它排地雷。如前苏联在卫国战争中,有一支游击队为了突破敌人的地雷阵,训练了一头猪,准确无误地探明了一个个地雷,为游击队开辟了前进道路,被称为活的"探雷器"。

今天,科学家正在研究猪在战争和防毒、反恐怖中的运用。据报纸报道,最近,联邦德国的两尔德斯海姆警察局驯养了一头警猪,它的名字叫路易斯,现已两岁半,体重约 130 千克,它从 1984 年末就跟随警察们破案,凡是在搜寻毒品和爆炸物时,警官们都愿意带上它。它不但有军犬般的嗅觉,而且有一张长而大的嘴巴,当它发现地下有疑点时,便使劲地掘地,直到把埋存地下的东西拱出来。这头猪还和摄影师配合,表演了它在参与破案的各种技能,其动作之敏捷,令人惊叹。据说,这头猪将在一部侦破故事影片中担任角色。

如果我们对猪的嗅觉器官和猪嘴巴进行深入研究,仿照猪鼻子、猪嘴巴的功能,制造一种探挖结合的排雷工具,在战斗中,将能大大提高探雷和排雷的效率。

神奇的动物本能

犬——军龄最长的动物

犬种很多,按用途可分为牧羊犬、猎犬、警犬、玩赏犬以及挽曳,皮肉用等。其毛色可分为红、黄、蓝、黑、灰、白、棕和各种混合杂色。明代医学家李时珍的《本草纲目》中,分为善守家门、善猎野兽和供馔食用三类狗。

《动物学大辞典》则依狗的产地和其特性不同,分为豺狗、藏獒、牧羊犬、曲膝狗、喇叭狗、谍犬、水犬、向导犬、救冻犬、北极犬、澳洲犬、纽芬兰犬等34个品种。随着历史的发展,时代的变迁,狗的品种逐渐繁多。经过人们不断地杂交培育和诱导驯化,狗的作用不仅为人们守家护院,助猎捕兽,供馔食用,还扩大为人们找矿、报震、缉私、救人、检查物品、医学试验、杂技娱乐、军事侦察、刑事破案和探索危险物品等等。

不同品种的犬,其体格大小差异可在 20 倍以上。犬体最高的可超过 1 米,最矮的只有 20 厘米;最重的犬有 130 千克,最轻的犬不足 1000 克。南非有一只世界上最小的狗,出生一个月后仅重 35 克,可以放进一只香槟酒杯里。母犬的乳头对它来说太大了,于是,主人用注射器给它喂奶。有一种微型狗,体重只有 1000 克。它叫奇娃娃狗,产于墨西哥的奇娃娃。

这种小狗毛是褐色的,偶尔也有白色的;性情温顺,活泼,但遇敌时表现得相当勇敢。英国伦敦克尼哈青培育的一种小狗,成年后身高仅 10 厘米,体重 380 克。犬的体格虽然差异较大,但解剖构造基本相同。犬的肌肉发达、强壮,使它不但能快速奔跑,而且耐久性好。据报道,犬 100 米的纪录是 5.925 秒,是由一只荷兰灰犬在 1971 年创造的。这个速度远比人类快得多,而且与赛马的 100 米速度 5.17 秒很接近,就是一般的家养中型犬,其 100 米速度也不超过 10 秒。由于犬的腰荐骨较长,使犬不但跑的速度快,而且机动性好,非常灵活。

犬的耐力闻名于世,犬能连续奔跑几十千米。如在第一次世界大战期间的传令犬,仅用 50 分钟就跑完了 21.7 千米的路程。最著名的是在北极附近举行的雪橇拉力赛,十几条犬拉着几百千克重的物品,在零下 40℃,寒风刺骨的雪地上奔驰,而每天只有短短数小时的休息。据记载,1 条犬在雪地上可拉动100千克的物品。

犬的后肢骨强壮,肌肉发达,因此犬也是跳高能手,最高可跳过5米的障碍物。

有的犬对饥饿有极大的忍受力,最高绝食纪录达117昼夜。

在列宁格勒(今圣彼得堡)实验医学研究所的大院里,矗立着一座"无名狗纪念碑",它是根据著名生理学家巴甫洛夫的要求,于1935年建立的,因为狗帮助巴甫洛夫创立了伟大的学说。这座狗纪念碑台座上的题词是:"因长期对人友好、机灵、耐心和驯服,狗能多年乃至终生为实验者效劳。"

在二次世界大战中,有18只狗获得英国政府颁发的"迪金"勋章。1994年6月20日,美国国防部为一尊德国种短毛猎犬铜像揭幕,以纪念战争中牺牲的军犬,铜像的题词是"永远忠诚",这尊铜像置于关岛的军犬公墓。

加拿大的北极湾城等地,终年积雪,狗拉雪橇成了一种重要的交通工具。为了感谢狗的辛勤劳动,这里规定:每年的10月的第二个星期日是狗的节日,这一天狗不拉雪橇,主人还要为狗精心打扮一番,并让狗享受一天节日佳肴。

犬的感觉机能

①嗅觉灵敏。犬的嗅觉灵敏度位居众畜之首,对酸性物质的嗅觉灵敏度要高出人类几万倍。

犬的嗅觉器官叫嗅黏膜,位于鼻腔上部,表面有许多皱褶,其面积约为人类的4倍。嗅黏膜内的嗅细胞是真正的嗅觉感受器,嗅黏膜内大约有2亿多个嗅细胞,为人类的40倍,嗅细胞表面有许多粗而密的绒毛,这就扩大了细胞的表面面积,增加了与气味物质的接触面积。气味物质随吸入空气到达嗅黏膜。使嗅细胞产生兴奋,沿密布在黏膜内的嗅神经传到嗅觉神经中枢——嗅脑,从而产生嗅觉。

犬灵敏的嗅觉主要表现在两个方面,一是对气味的敏感程度,二是辨别气味的能力。

犬对气味的感知能力可达分子水平。将硫酸稀释1000万倍时,犬仍能嗅出。其嗅觉灵敏度比人高100万倍。犬可嗅出各种制式地雷中的火药味。弥补探雷技术的不足。犬可嗅出"蛙人"通过呼吸器从水下发出的气味,及时向主人报警。

犬辨别气味的能力相当强,可在诸多的气味当中嗅出特定的味道。经过专门训练识别戊酸气味的犬,可以在十分相近的丙酸、醋酸、羊脂酮酸等混合气味中分辨出有戊酸的存在。警犬能辨别10万种以上不同的气味。

犬的嗅觉在其生活当中占有十分重要的地位。犬主要根据嗅觉信息识别主人,鉴定同类的性别、发情状态,母仔识别,辨别路途、方位,猎物与食物等。犬在认识和辨别事物时,首先表现为嗅的行为,如我们扔给犬某种食物时,犬总是要反复地嗅几遍之后才决定是否吃掉。遇到陌生人,犬总要围着生人嗅其气味,有时未免使人毛骨悚然。

犬根据留在街角的味道信息就可以知道在什么时候,谁从哪里来,又到哪里去。有人说犬的生活完全依赖鼻子,虽然有些绝对化,但是以此来强调嗅觉对犬的重要性也不为过。

犬敏锐的嗅觉被人类充分利用到众多领域。警犬能够根据犯罪分子在现场遗留的物品、血迹、足迹等,进行鉴别和追踪。即使这些气味在现场已经停留了一昼夜,如果犯罪现场保护得好,警犬也能鉴别出来。人穿过的雨靴,虽经过3个月之久,警犬也能嗅出穿靴的人。缉毒犬能够从众多的邮包、行李中嗅出藏有大麻、可卡因等毒品的包裹。搜爆犬能够准确地搜出藏在建筑物、车船、飞机等处的爆炸物。救助犬能够帮助人们寻找深埋于雪地、沙漠及倒塌建筑物中的遇难者。

②犬的听觉非常灵敏。犬不仅可分辨极为细小的与高频率的声音,而且对声源的判别能力也很强。据测试,人在6米远听不到的声音,犬在24米处却可清楚地听到,它的听觉是人的16倍。

它可以区别出节拍器每分钟振动数为96次与100次、133次和144次。这对人而言,是难以想象的。

晚上,它即使睡觉时也保持着高度的警觉性,对半径1公里以内的各种声音都能分辨清楚。立耳犬的听觉要比垂耳犬更为灵敏。犬听到声音时,由于耳与眼的交感作用,有注视音源的习性。这一特征,使猎犬、警犬能够准确地从听到的声音为主人指明目标,以追踪和围攻猎物。

犬对于人的口令或简单的语言,可以根据音调、音节变化建立条件反射,完成主人交给的任务。犬完全可以听从很轻的口令声音,没有必要大声喊叫。过高的音响或音频对犬是一种逆境刺激,使犬有痛苦、惊恐的感觉,以致躲避。当然,在犬做出错误行为时,为了禁止或纠正,可以用较严厉的口令。

③犬的视觉较差。犬眼的调节能力只及人的 1/5 或 1/3。犬对物体的感知能力决定于该物体所处的状态。

固定目标,50 米之内可以看清,超过这个距离就看不清了,但对运动的目标,则可感觉到 825 米远的距离。犬的视野非常开阔,单眼的左右视野为 100°~125°,上方视野为 50°~70°,下方视野为 30°~60°。它对前方的物体看得最清楚,但由于犬的头部转动非常灵活,所以,完全可以做到"眼观六路,耳听八方"。

犬是色盲。在犬的眼里,世界就如同黑白电视里的画面一样,只是黑白亮度的不同,而无法分辨色彩的变化。

导盲犬之所以能区别红绿信号灯,是依靠两灯的光亮度区别的。犬对灰色浓淡的辨别能力很细微,依着这种能力,就能分辨出物体上的明暗变化,产生出立体的视觉映像。

犬视觉的另一个特征是暗视力比较灵敏,在微弱的光线下也能看清物体,这说明犬仍然保持着夜行性动物的特点。

④犬的味觉迟钝。犬的味觉器官位于舌上,但很迟钝。吃东西时,很少咀嚼、几乎是在吞食。因此,犬不是通过细嚼慢咽来品尝食物的味道的,主要是靠嗅觉和味觉的双重作用。

犬的智力聪颖惊人

犬具有很强的智力,能够领会人的语言、表情和各种手势,有时会做出令人惊叹不已的事情。如通过训练,能计数、识字等。

犬的时间观念和记忆力很强。在时间观念方面,每一个养犬者都有这样的体会,每天喂食的时间,犬都会自动地来到喂食的地点,表现出异常的兴奋,如果主人稍显迟钝,它就会以低声的呻吟或扒门来提醒你。在记忆力方面,犬对饲养过它的主人及住所,甚至主人的声音都有很强的记忆能力。

如在英国,有一只犬从收音机里听到它阔别近 10 年的主人的声音后,马上站起来走到收音机旁专注地倾听着,直到长长的一段话结束后,才若有所失地带有着悲伤的神情,默默地离开收音机。

犬有惊人的归家本领,能从百里千里之外返回主人家中。

有关犬行千里寻主的故事很多，曾报道美国有一对夫妇，带着他们的苏格兰牧羊犬从美国西部的西尔巴顿到东部去，当到达印第安纳州欧鲁克特时，犬走失了，寻找无着。但约过了半年，经过3300公里跋涉，此犬浑身伤痕出现在主人面前，犬归家能力的生理基础，其说不一。有人认为与犬的嗅觉有关，有人则认为是依靠其灵敏的方向感来完成的。

睡觉时也保持警觉

睡眠是恢复体力，保持健康所必不可少的休息方式。犬在野生时期是夜行性动物，白天睡觉、晚上活动。被人类驯养后与人的起居基本保持一致，改为白天活动，晚上睡觉。但与人不同的是，犬不会从晚上一直睡到早晨，而且睡觉时始终保持着警觉状态。有人认为犬在睡觉时对于味道的反应完全停止，而对声音却特别敏感。另外犬睡觉的姿势也总是将头朝向外面，比如庭院的大门方向，随时可以观察到外面的各种变化。这一特性成为犬能看家、警卫的本领。

犬每天约需要14—15小时的睡眠时间，但不会用这么长的整块时间，而常分成几次。

有战争就有军犬

自从世界上有战争以来，犬一直是军人的得力助手，在战争中累建战功；就是在科学技术发展的今天，它仍活跃在世界各国的军队中，战斗在公安和国防线上，担负侦察、追踪、反特、防暴等特殊任务。

据传，古巴比伦人、埃及人、亚述人以及罗马人在讨伐征战中，曾率先将犬用于战争。由于军犬在战争中大显身手，引起了许多国家的高度重视，一些国家在军队的训练体制中，出现了专门训练军犬的机构和编制管军犬的专业技术人员。

古埃及的石碑上至今还残留着当年埃及人携带军犬，驰骋疆场的图形。我国将犬运用于军事也有悠久的历史。

据古典文献《周礼》记载，当时周朝设有一种官职叫"犬人"，专司养犬、驯犬。在我国战国时期，著名防御专家墨翟，曾使用犬进行防御。在他的著作中曾专辟章节，论述犬在防御中的作用。敌人在城外挖地道，墨翟就在城内遍挖土井，进行防范。每个井口，均派上耳聪目明的狗来执勤，以"审知穴之所在，凿穴内迎之"。如果地道相通，就让狗"来往其中"进行巡逻，"狗吠即有人也"。唐代《通曲》有载：为防止敌人夜间攻城，"每30步悬大灯于城半腹，置警犬于城上"。有时还有专门驯养警犬和派遣警犬执勤的机构，官名"犬铺"。据《资治通鉴》述：唐代天复二年，"朱全忠穿蚰蜒壕，围凤翔；设犬铺，架铃，以绝内外。""儿行军下营，四面设犬铺，以犬守之。敌来则犬吠，使营中知所警备。"

公元16世纪，西班牙人在对付不可一世的法国军骑时，事先将训练有素、身披甲胄的军犬埋伏起来，待法军骑兵接近，便一声号令，群犬起而攻之，把整个马队的战斗队形搞得乱七八糟。

在中国近代历史上，军犬参加反侵略战争也屡见不鲜。在中法战争中，黑旗军首领刘永福的爱犬——黑虎，在著名的谅山大战中专咬法国侵略军扛旗士兵的喉咙，致使法军士兵望旗生畏。时至今日，在广东陆丰碣石镇北郊，刘永福的"义犬冢"，仍赫然屹立。在中日甲午战争的黄海海战中，"致远"号管带爱国将领邓世昌，在军舰爆炸沉没后落水，被其爱犬救起，最后爱犬同他一起沉入大海，这只犬的献身行为，催人泪下，一直为天下英雄所敬佩。

第一次世界大战期间，使用军犬成为西方国家的热门。德、意、比、英、法等国都编有军犬勤务分队。当时，德军有3万之众的军犬在军队中服役，其足迹踏遍整个欧洲、伸到非洲和亚洲的部分地区。到第二次世界大战时，军犬数量剧增，同盟国和轴心国共有25条军犬。美军以2万条军犬编成的"K－9部队"，配合各军兵种执行探雷、侦察、传令、警戒、放哨和拉雪橇等任务。

第二次世界大战期间，前苏联红军大约有170个分队使用过狗。当时有6万多条狗受过军犬中心学校的训练。它们的功绩包括：炸毁了300多辆坦克，传递了200万份情报，往火线运送了数千吨弹药，发现了400多万颗地雷，救出了60万负伤官兵。

在二次世界大战后的局部战争中，军犬继续发挥着重要作用。

犬还是人类探索宇宙奥秘的好帮手，曾经乘坐宇宙飞船遨游太空。

朝战和越战中的军犬分队

二次大战后，美军在侵朝战争（1950.6—1953.7）和侵越战争（1961.5～1975.5）中，赋予军犬的任务更加广泛。数十个编有27～36条军犬的排，担任陆军和海空军基地的警戒、巡逻、放哨、侦察和追踪等任务。在侵朝战争中，其步兵第二十六侦察犬排，参加过500多次巡逻。

在越南战争期间，军犬排分散在仓库、弹药补给站、石油储存区、码头和简易机场等担任警戒勤务。陆军还使用军犬为小规模步兵作战部队充当尖兵，探查当面敌情，可在23米至900米的距离上发现敌人并及时报警。军犬还经常为机动分队担负翼侧和后方警戒任务，或支援警戒分队和伏击分队作战，或协助侦察队搜索可疑地区和居民点。

使用军犬在森林地探测拌雷、饵雷和其他地雷，比探测器还有效。战斗追击犬，不仅能跟踪敌军，或捕捉逃跑的俘虏，还能跟踪并救回被对方俘获的美军人员，跟踪并引回掉队人员。美陆军中的军犬宪兵连，成为宪兵执行任务的好帮手。

朱可夫的"军犬敢死队"

1942年7月，德国法西斯为迅速打败前苏联，集中了150万人的兵力，向苏联发动猖狂进攻。他们每天派出上千架次的飞机，不停地轮番对斯大林格勒进行狂轰滥炸。轰炸刚一过去，成群结队的坦克，又向苏军阵地发动猛烈的冲锋。在这紧急的关头，只见一条条军犬从那些炸坍的楼房废墟中冲出来，闪电般冲向迎面驶来的德军坦克，然后是轰隆一声巨响，火光冲天，德军的坦克被炸毁，军犬也同归于尽。原来，这支军犬部队是斯大林格勒保卫战的苏军指挥官朱可夫元帅专门用来对付德军坦克的"军犬敢死队"。当时，德军妄图一举攻下这座具有十分重要的战略意义的城市。先后调集了"A"、"B"两个集团军群，50个师的兵力（含1个坦克集团军）来进攻。而当时守卫这座城市的苏军，既没有足够的反坦克武器，也没有相匹敌的坦克进行防御。正当朱可夫元帅发愁的时候，苏军警犬学校及时提供了500多条"携弹犬"。这批军犬经过专门训练，能自带弹药去对付敌人的坦克。

朱可夫将这些狗作为秘密反坦克武器，组成了4个反坦克军犬连，每连有126条受过特殊训练的军犬。作战时，"携弹犬"带上炸药去同敌人坦克拼命。共炸毁德军坦克300多辆，约占整个斯大林格勒防御战役击毁德军坦克总数的1/3，对战役的胜利，起到重要作用。说起苏军的"携弹犬"，还有一段有趣的插曲。原来，训练人员是采取食物引诱的方法训练这批军犬：将食物挂在坦克下面，让它们去寻找，找到就可以饱餐一顿。这样时间一长，它们一见到坦克就会不顾一切地扑上去。可是一上战场,却出现了出乎意料的麻烦:那些身系炸弹的饿犬被放开后,没有扑向敌军坦克,反而直奔苏军坦克。这倒不是它们临阵脱逃,而是由于它们只认得苏军坦克。粗心的驯犬员没有教会它们如何区分敌我。后来改用德军坦克训练才解决了这一问题。

义犬复仇记

第二次世界大战期间,军犬文尔内随前苏联红军战士斯达罗一起服役,抗击德国侵略者。有一天,斯达罗带着一个班的战士在临近德国边境的山林里警戒时,突然遭到德军的袭击。双方展开了激烈的肉搏战,斯达罗牺牲在一个德寇的枪口下。文尔内见状,嘶嚎着扑向凶手,一口咬下了那个德寇的三个指头,并带伤逃回驻地,然后又领着斯达罗的战友亚历山大等红军战士,来到烈士身旁,把凶手的三个指头放在烈士的胸前,伏在主人身上,默默地舔着。德国投降了,亚历山大所在部队,奉命驻守柏林市区。五年后的一天,军犬文尔内跟随亚历山大上街。

当一个身着便服的德国人从它不远处走过时,它先是驻足一愣,旋即愤怒地猛扑过去,死劲地咬住那人的脖子,把他掀翻在地,没命地撕咬着,任凭亚力山大奋力制止,也无法抑住文尔内的狂怒。仅几分钟,那个德国人被狗咬死了。文尔内也因过度狂怒引起脑溢血,倒在亚历山大的脚下,再也没有起来。

原来,那个被咬死的人手上少了三个指头。经多方证实,他正是杀死斯达罗的凶手。

比美国兵勇敢的军犬

第二次世界大战中,美军使用了大量军犬,仅美国海军陆战队的战斗序列中就有 465 条军犬。这些军犬在太平洋战场和欧洲战场都发挥了重要作用。它们站岗放哨,给巡逻兵带路,探察洞穴,地雷和其他爆炸物,搜索敌军的狙击手和伏兵,拯救了无数美国人的生命,为消灭敌人立了大功,"不愧是无所畏惧和忠心耿耿的战士"。

从欧洲大陆到太平洋诸岛,不管是诺曼底滩头还是巴布亚新几内亚的沼泽地,都留下了军犬的足迹。在硫磺岛战役中,美军动用了 7 队军犬,每队20 条。在关岛战役中,有将近 350 条军犬参战。在战斗中,有 25 条军犬牺

神奇的动物本能

牲,一些军犬表现得比它们的主人勇敢。军犬霍珀在关岛带领一队海军陆战队队员沿着一条狭窄的小路搜索前进。

前面出现了日军的营房,陆战队员个个退缩不前,只有霍珀不顾眼前的危险继续前进。陆战队员很快发现,眼前的日本兵都死了,他们的尸体摆出活人的架势,是为了吓人的。只有霍珀没有上当。

一个流产的阴谋:"敢死狗"行刺周总理

这是发生在本世纪70年代的一个真实的故事:为阻止中美关系实现正常化,台湾曾筹划谋杀周恩来总理。执行这一罪恶计划的是一条犬——也许是一条军犬。

1971年7月15日,美国总统尼克松在美国电视上公开证实:他将为"寻求美中两国关系的正常化"而出访北京。

这一宣布令台湾"朝野"惊骇心悸,乱了方寸。

蒋经国紧急召集情报单位负责人谋划对策。情报部门负责人建议,为阻止中美实现关系正常化,最奏效的办法是刺杀周恩来。国民党选择这一决定的原因有二:一是周是仅次于毛泽东与林彪的当时中国第三号人物,他是中国外交路线的设计者。"乒乓外交"就是他的智慧一招。二是周的将被谋杀会刺激中共党内对美持强硬路线的人,迫使他们阻止尼克松访华,而使中国不得不重新回到孤立的国际环境中去。在台湾当局的支持下,特务头子们策划刺杀周恩来的阴谋终于出台。他们获悉,为寻求欧洲国家支持中国加入联合国,周恩来将在数个星期后的某个时刻赴巴黎访问,他们等待下手的机会来临,准备在欧洲打响暗杀周恩来的第一炮。

由台湾"国家安全局"拟订、并由国民党最高当局首肯的这个计划"别出心裁":由用重金雇来的某国一个新法西斯组织来执行谋杀,而执行任务的刺客竟是一条受过训练的"敢死狗",他们设计让这条狗先熟悉周的气味,并在它身上藏匿遥控炸弹,选定在周恩来访问的某个合适时刻,即他向人群挥手,或下车时,或向大门走去时,这条训练过的狗便会猛扑周而去,直到炸弹爆炸和周同归于尽。虽然说该方案曾招致国民党军方的反对,他们担心此举一旦成功将会激怒中方,从而引发大陆对台湾更猛烈的攻击,但台安全局坚持认为此方案定能奏效。

就在国民党特务机关焦急地等待周出访的这一天到来时,事情发生了突变。当时中国的第二号人物林彪,在政变阴谋被识破而仓皇乘机出逃时,坠机摔死在蒙古温都尔汗。

林彪死后,中国国内大量棘手的事情等待周总理去亲自处理。同时,中国加入联合国即将实现,台湾被逐出联合国亦将成定局。周恩来的欧洲之行不再是迫在眉睫的任务,他全身心地投入到日理万机的工作之中。因此台北的暗杀计划终成泡影。

对这种狗来说,以上发生的只是小事一桩。这种大猎犬体形大,相貌显得有点忧伤,是专门被驯养来凭气味辨别人的一种狗。它们营救了无数失踪的儿童和成人,而且经常在大批搜寻人员失败的情况下建立奇功。

要闻出某种东西,如炸弹,德国牧羊犬比较在行;而黑色的拉布托多猎犬在某一特定地区进行搜索时表现十分出色;但说到要追踪一个人的特殊踪迹,大猎犬首屈一指。

多少世纪以来,大猎犬曾追寻过逃亡的国王(苏格兰的罗伯特一世);曾受到两位女王(伊丽莎白一世女王和维多利亚女王)的嘉奖,更不必说其他许许多多君主了。这种狗曾追踪过偷羊人、盗马贼、纵火犯、杀人犯和强奸犯。当然,大猎犬更常用来帮助追捕逃犯。

对大猎犬的相貌,却实在不敢恭维。一条好的大猎犬颈部有很大的下垂的皮肉;它颈后松松垮垮的皮肉足够做一块牧师的头巾。这种狗的特征是有下难的皮肤和长长的耳朵。当它的头左右转动时,两只耳朵似乎要把气味"扫"在一起;当它的鼻子贴近地面时,它那松弛的皮肉垂向前下方,好像要将气味"掬"起来。它浑身皮肤松垂的现象扩展到下眼睑,有些大猎犬的下眼皮低垂得露出又湿又红的内眼睑。这酷似有鸦片烟瘾的人的眼睛。个别的大猎犬的皮肤垂得连眼睛都看不见了,那裸露着的粉红色肉眼睑会使人感到它的眼睛被抠掉了,因此使这种狗看上去更丑了。

流涎是大猎犬的特征之一。唾液从它上唇两边滴下来,有时挂在唇角与耳朵之间。它一摇头,松垂的嘴唇就将涎水甩向四面八方。于是,大猎犬的主人也得以分享。一些人认为:这种过量的唾液是有用的。当这种狗边流涎边闻时,可以使被追踪物的气味微粒蒸腾起来,从而使鼻子更容易嗅到它们。

大猎犬的名字——血犬(bloodbound)和它的外貌一样有损于它的形象。

养这种狗的行家花了大量时间、不厌其烦地说明,尽管它巨大的前爪会搭在一位尊贵客人肩膀上,可是它实际上对血毫无兴趣。它只是想给客人一个吻。行家们说,"血"这个字之所以和这种狗的名字联系在一起,是因为它是最早的纯种狗之一,是犬类中的贵族。也有人把这种狗名字里的"血"字与英国的民间传说联系起来。在传说中说,有一种狗能透过衣服和皮肉闻到血腥味。最后一种可能性,是这种狗的名字和血有着相当直接的联系,它把它的捕获物撕成血淋淋的碎片。

现代的大猎犬极其温顺,和孩子们的感情特别好,甚至能忍受那些好奇的记者量它那 28~30 英寸长的耳朵。

问题还不在外貌或名字,而在于有关气味的麻烦问题,因为人类对这个问题还不能做出科学的解释。有一次,一条大猎犬受命寻找一个失踪的 18 岁的男子,根据那人 8 天前留下的线索开始搜寻。这条大猎犬从一个住宅区的灌木丛中找到了目标的气味,继续追踪时它不断地闻着沿街铺面和其他建筑物,并钻进过一家杂货铺和一家银行。

最后,它在公共汽车总站外的一条长凳旁站住了。但是失踪者的家属不相信大猎犬的发现。这不单单因为它所根据的是旧的、穿着非常繁忙的街道的踪迹,而且还由于调查人员已经获悉,那个人没有在汽车站里买过票。大猎犬没有搞错。后来这个人从加利福尼亚打电话来说,他是没进过汽车站,但确在车站外的长凳上等过车,并在车上买了票。

为什么狗比人嗅觉灵敏呢?

在人的鼻子里,起嗅觉作用的神经细胞都集中在鼻孔内部深处不到一英寸长的一块地方。而大猎犬的长长的鼻子里生长有至少长达 6 英寸的嗅觉膜。但长度仅仅暗示着敏感性的成倍增强。所有的哺乳动物的嗅觉膜都生长在涡形的、薄如纸的微小骨头上,这些骨头叫作鼻甲。涡形越多、嗅觉膜的表面积就越大。嗅觉膜上是嗅觉神经细胞,每个细胞有着外伸的纤毛。这些纤毛实际上是细胞起增加表面积作用的突出部分。

在人的鼻子哩,涡形鼻甲及纤毛形成大约 3 平方厘米的嗅觉膜。但在一条大猎犬隆起的大鼻子里,由于鼻甲多,嗅觉就强,嗅觉膜的面积有 150 平方厘米。不过,人类也有更为先进的、阻断嗅觉的机制。人和大猎犬的嗅觉细胞都能迅速地习惯一种新的气味,这些细胞能调节它们的电极,要是气味的浓度不增加,它们就不再发出神经脉冲。

这就部分说明了为什么在人刚进一个房间时觉得非常强烈的某种气味过一会儿就似乎觉察不到了。此外,人类的大脑里有一个强有力的机制,用于抑制辨人气味的意识,因为人需要把注意力放在其他事物上。这一适应性是人类之所以成为高智慧动物的原因之一。

但是,要用鼻子寻找猎物的动物如果具有和人类相同的这些机制,它就会受到致命的影响。因此,大猎犬没有强有力的抑制机制。它必须有意识地跟踪气味直至发现它的猎物。

它还必须避免嗅觉疲劳,这样就不会丧失对所追踪的气味的辨别力。当空气的短暂而迅猛的涌入和瞬息的停止这两者交替进行时,嗅觉细胞是能够得到恢复的,因为在空气停止涌入时鼻子被抽空,嗅觉细胞得到休息。相比之下人(甚至是品酒人)就显得比较笨拙。人在闻味的时候需使用隔膜,而大猎犬和其他大多数哺乳动物只需要使用它们鼻孔和咽部的肌肉。

从生物学角度讲,大猎犬适宜于追踪猎物还有更进一步的原因。虽然它的鼻子辨认气味的整个过程尚未彻底明了,但它的鼻子里显然有许多不同气味的感受点。一种解释是,当一种气味分子像钥匙插进锁孔那样与它相应的感受点相合时,引起细胞的机械或化学变化。很明显,大猎犬有着较为密集的与人的气味协调的感受点。专家认为,这些感受点也可能在辨认人的气味分子时特别敏感。

当一条大猎犬追踪一个人时,它到底是在闻什么呢?人的身体老是掉皮屑,四周的热空气就带着皮屑微粒和附生在上面的细菌上升。它们升到超过头顶的地方,然后逐渐冷却并飘落下来。它们像看不见的头皮屑,呈雨伞状降落在脚周围。它们会被微风刮走,但迟早会给草或灌木丛截住。这就是气味的一种形式,大猎犬追踪的就是它。

由大约60万亿个活细胞组成的人体平均每天脱落5000万细胞的表皮。人体每天还要出很多汗。汗也好,脱落的细胞也好,表皮本身都没有多少气味,但这两者所带的细菌就不同了。微生物学家估计,人肩膀上每平方厘米皮肤上的"生物居民"总数达好几百万。当这些细菌干着每天的例行公事——分解皮肤上的脂肪物时,它们释放出的挥发物会像一股奇怪的气味团冲击着大猎犬的鼻子。

饮食、洗澡习惯、梳洗、家庭环境以及其他一些因素都对皮肤上的细菌数目和种类有所影响，因而也影响到一个人的气味。同一个家庭的人不仅有同样的基本遗传体质，而且使用同一块肥皂，同样的洗涤剂，吃的食物也相同。因此，他们自然有相似的气味。这种情况有时会把一条大猎犬搞糊涂。

不过，每个人的气味或气味团对于大猎犬的鼻子来说毕竟是个清清楚楚的个体，这是另一种形式的指纹。大猎犬是被培育来辨别人的气味的，它甚至能区别出一家人之间极细微的差别，这就是大猎犬最大的优点。

有人对一条大猎犬做过试验，让它追寻一双孪生姐妹中的一个。这对孪生姐妹长得太相像了，当她们还是婴儿时，做父母的就不得不好几次把她们送到医院去验证脚印，以便搞清楚她们谁是谁。姐妹俩现在必须一个剪短发，一个留长发，这样就不会把她们搞错，还能防止她们在学校里交换位置。她们的母亲说，姐妹俩在什么事情上都相同，甚至用的香水和除臭剂也一样。

那个长发女孩留下一件睡衣作为狗追踪的线索。她俩穿过高尔夫球场走了约100米，然后分手，长发女孩向左一直走出了人们的视线。现在，叫"月光"的那条狗出了笼子，看上去有点心不在焉。主人让它闻了闻女孩的睡衣，然后发出命令："去找吧！"

"月光"拉着主人跑在球场的草地上。它对整天在这里走来走去打高尔夫球的人留下的气味毫无兴趣，而是准确地跟随着两个女孩的踪迹。走到女孩分开的地方，它毫不犹豫地向左飞跑去。它很快就追上了那个长发女孩，在她身上迅速地闻了闻，以示肯定。

显然，气味有着一种人类不能充分理解的力量。它是一种我们听来模糊不清的语言，而且，由于估计不足，我们可能抑制了这种语言的力量。大猎犬却把每一个细微声音都听清了。它对我们的认识比我们自己认识自己，比母亲认识孩子还清楚。因此，有些人觉得大猎犬不可思议，这就不足为奇了。

第四章　动物的特异功能

动物的神奇特性

毫无疑问,大自然母亲赋予动物许多神奇的特性。以鸟蛋为例……这可不是讨论鸡生蛋还是蛋生鸡的问题,只是看一个简单的事实:圆头蛋和尖头蛋,蛋的形状直接取决于亲鸟的栖息环境。生活在陆地上的鸟类产圆头蛋;而栖居在悬崖边的鸟类产尖头蛋,这样不会轻易滚落坠岸。

另一项神奇特性则说明,动物的体型大小与敏捷程度并不总是息息相关。大象的鼻子非常灵敏,如果需要,它能捡起一根缝衣针。但幼象需要长达六个月的时间才能学会控制自己的鼻子。

啄木鸟已不再是秘密了。它的头部能每秒啄 20 下,您可能会觉得它们比山羊(山羊在这个惊人秘密中只能担当特邀嘉宾的角色)还要疯狂。但科学家发现,在其喙的后面有一处柔软的区域,具有避震器的功效。

许多人认为海狸牛性冲动,只会啃树干。众所周知,海狸只需六秒钟就能咬断直径 25 厘米的树干。这并不是因为海狸心情焦虑,而是与牙齿有关。海狸如果不用牙齿咬东西,它的牙齿就会一直生长,直到刺穿下颚——而老鼠也是一样!

红毛猩猩会让我们以为它是爬树专家。但其中的秘密不为人知。说穿了会伤它们的自尊心。大约 50% 的红毛猩猩都曾骨折或骨裂过,原因是因为它们经常从树上摔下来。

但对长颈鹿而言,它们的骨骼则显出另一种神奇特性。头颈又高又直的长颈鹿,堪称动物王国中最善于制造错觉的大师之一。如果要猜长颈鹿的脖子有多少根骨头,需要动用计算器吗? 完全不必。长颈鹿头颈的骨骼数目与人类一样,共有7块。

得了病,我们自己会治

作为动物,我们没有人类照看,生了病怎么办? 请别担心,我们当中,极有灵性的同胞也有一套"自诊自疗"的医病妙法。

在我国古代有个医生叫华佗,他曾经看过一只水獭,吞了一条大鱼后肚胀难忍,然后就见一只年头老的水獭,抓来一把紫色野草。水獭吃下后,没过多久,就不挣扎了,神奇地好了。

华佗看了这一场面后,他想这紫色野草,一定是好的中药啊。所有他大

量采集，回家后进行细致的研究。经过验证，这可以用来治疗吃了鱼蟹中毒的病人，效果非常见效。后来华佗把这紫色野草取名为"紫舒"，即紫苏一直流传至今。

我们有些动物自己或相互间有时还会寻找天然药物来祛病去邪，健体强身。用的还是"中药"呢。你知道吗？

人类用来治病的有些中药就是在动物的"启发"下发现的。人们只知道紫苏草可解鱼蟹之毒，又有谁知道这是水獭对华佗的启示呢？

我们动物给自己诊治疾病，是我们适应环境、求生存的一种本能，也是我们在进化中积累的智慧。

我们的"父母"在教我们这些子女"捕食避敌"等生存能力时，还会教我们治病除疾的方法呢。

云南白药是我国著名中药之一了，大家都不陌生的，这是老虎和蛇给一个采药人的"启发"。采药人叫曲焕章，借此研制成功了这一中药。曲焕章是一猎手，他一次打中一只老虎，第二天请人去抬，发现老虎已经不见了。怎么回事呢？原来带伤的老虎，在路上一边往前爬，一边吃一种植物的叶子，最后竟然止住了血，站稳了，慢慢能走了，逃开了。

曲焕章又有一次，看见一条蛇，尾部被斧头砍掉一大段，窜逃进一个灌木丛中，他跟在其后，看到受伤的蛇在植物上咬几片叶子嚼烂，敷在伤部，咦，血止住了。他就把这种植物采来入药，这就是跌打损伤药物成分，在止血上的疗效更好了，这就是云南白药。

我国蛇医发现"半边莲"是一种中药。蛇医出诊，路上见一条狗被蛇咬伤了，狗飞奔向山里猛跑，他跟踪前去观察，见到那条狗在吃地上的一种草，吃后就没有中毒的症状了。他把这种草采回命名为半边莲，用于治疗蛇咬伤。

在俄罗斯境内林区常见狗獾，躺在蚁巢里任蚁群撕咬。原来，这些狗獾，在巧用蚂蚁嘴中分泌的蚁酸医治寄生虫病呢。

看来，许多猎人喜欢食蚂蚁制品是为治疗风湿的。蚂蚁制品用来治疗风湿病或增强抗病能力，就是受到动物们的启示运用才发明的。

同学们，你仔细观察过没有？蚂蚁在觅食时往往会同时捎回些植物叶子或种子储藏于蚁穴的潮湿处，可是你知道是什么原因吗？

神奇的动物本能

因为在这些叶片上有真菌孢子微生物。在阴湿的环境中，孢子大量繁殖分泌抗菌物质，可以保证蚁群的健康，还能使食物腐烂。蚂蚁和真菌的景象给前苏联科学家一个启示，结果科学家很成功地提取出了新型抗菌素。

热带丛林中有一种猿猴，遇到自己不舒服，浑身打冷战的时候，它们就会去咬金鸡纳树的树皮，结果很快就痊愈了。今天我们用的奎宁，其实就是跟猿猴学的呢？

我国云南一乡村医生，在树下休息时，一条大长蜈蚣，足足20厘米，被他切成两段。一会儿工夫又来一条蜈蚣爬来，在断蜈蚣旁边转了几圈，就离开了，到草丛里拖回一片叶子，将叶子覆盖在断蜈蚣的伤口上，然后用嘴轻轻地嚼叶子。

一个时辰过后，那被砍断的蜈蚣，抽动了几下，然后慢慢地爬了起来。蜈蚣爬走了，乡医把剩余的半片叶子带回家研究，这是一种接骨草。他受到启发后，上山采了许多，捣烂后给人治疗骨折，这种接骨草，十分见效，简直是疗效神奇。

春天来了,北美洲的大黑熊终于可以走出洞穴了,身体酸酸的、懒懒的,还没精神。聪明的它到处寻找一种果实吃,目的是轻微致泄,好恢复健康有精神。

猩猩经常会牙龈发炎,疼时就抓爪,挖烂泥糊在脸上,然后用爪子捂住,很快就好了,不疼了。

有一种叫吐绶鸡的野鸡,小雏鸡经常会被雨淋,肯定不多久就会感冒,鸡妈妈有妙法,让小鸡吃安息香的树叶,树叶苦味,但能治病的,小雏鸡的病很快就会好转的。

有人观察,蝮蛇之间经常撕咬,一旦头部被另一条蛇咬伤后,头部很快就肿了起来,连嘴都肿得合不拢。这时,蝮蛇就拼命喝水,在十几分钟内,连续喝了216口水。一个时辰过后,头部的肿胀会慢慢消失的。

一天,一只山鹬的腿被猎人打伤了,跌落在河边。山鹬取来一些黏土先

敷在受伤的地方,然后拐起脚,收集了些草放在上面。猎人认真地观察它的缠"绷带""包扎",少说也得一个小时,活像外科固定的石膏一样,等缠好后,就慢慢地飞走了。

野兔在吃草时,会容易得上肠炎,但是它们很有办法的,到处寻找马莲吃。如果受伤,它还会用蜘蛛网上的黏丝止血。野猫患了肠胃病,就大嚼鲜嫩青草。海豹受伤后会去觅食一种有愈合功能的海藻。家狗、家猫感到全身不舒服时,也会跑到野外找一种青草吃。鹿被猎人射了毒箭,它们会赶快地寻找豆类植物,见到后,就一大口一大口地吃豆叶,来解毒自救。这就是动物在自己根据病情下药治病呢。

大象如果受伤了,方法也奇特,它们会寻找一些碱性含量较高的沙子,用来给自己的伤口消毒。如果它生了病,也会找一些有医疗作用的野草和水草吃。野牛生了疥癣,便到泥潭里打个滚,然后晒干,再进入泥潭中,打滚后再上岸,反复数次,慢慢地就痊愈了。

獾的幼崽,容易患上皮肤病,妈妈发现孩子的病,就会带领小獾到温泉里浸泡,以消炎解毒,直到治愈为止。熊受伤后,会用松脂涂抹伤口。

欧椋鸟有个特点,就是容易患关节病,治关节炎需要注射"蚁酸",它们很有办法的,用"激将法"——它用翅膀震动,激起白蚁群的愤怒攻击,当白蚁向它无情地喷射蚁酸时,等于免费注射"预防针",我们人类难以想象的。

一个女生态学家研究发现,母象怀孕就会寻找特殊的植物吃,就像在吃药一样。她曾对肯尼亚的一头母象的日常生活进行了近一年的观察,结果发现,这头母象从不改变其生活习惯,每天走 5 公里寻找同一植物吃。可是有一天,它竟走了 28 公里,停在一株紫草科小树边,把所有的枝叶都吃光。回到家后的次日,母象顺利地产下了一头可爱的小象。

同学们,你看我们有意思吧,人类是不是也可以从我们的这种奇特的自我医治与保健中受到启发呢?

"吞石补盐"的非洲象

肯尼亚艾尔刚山区的非洲象不但吃平常的植物,喝平常的水,而且还会肯石头。不过他们并不是饿得晕了头,而是为了补充盐分。因为它们长久以来吃的植物中硝酸钠的含量太少,特别是在干旱季节里,身躯庞大的非洲象会大量出汗和分泌唾液,体内盐分消耗比较大。所以在每年的干旱季节里,它们常常会定时成群结队来到著名的肯塔姆山洞,先用象牙在洞壁上凿下一块块岩石,然后用长鼻子卷起岩石,一口一口满满地吞下肚去。

"只尿不喝"的鲨鱼

鲨鱼是一种低等的软骨鱼,在睡觉的时候。总会沉到海底,因其体内没有鱼鳔,所与不能自由升降,非要不断向前游动时,借助它们的不平衡尾鳍产生向上的托力,才能保持身体不至沉底。所以,一旦它们停止不动进入梦乡,便直沉海底。

与要喝水的硬骨鱼不同,鲨鱼是不喝水的。因为其血液中含有很多尿素,使体内渗透压比海水大,海水订丁以从腮膜不断渗透进鱼体内,所以它们不但不喝水,反而需要经常排尿,才能维持体内的酸碱平衡。

"跳远冠军"蜗牛

广西有种玻璃蜗牛,靠腹足肌肉剧烈收缩而向前弹跳,甚至可以超越10厘水的障碍,真是让人大开眼界,也让人们对于这种缓慢爬行的动物,刮目相看。蜗牛身体分成三个部分,头部,腹足和内脏部。头部和腹足可以伸出甲壳之外活动,但内脏部始终藏在壳内。而蜗牛壳的重量相比于人,相当于一个60千克的人,背负着200千克的房子,而且还要背一辈子,累啊。

"冷暖自知"响尾蛇

位于眼睛和鼻孔之间的"热坑",是响尾蛇的立体热感受器。一层厚度

神奇的动物本能

只有 10~15 微米的薄膜,将颊窝分为内外两室,膜上密布神经末梢,这种器官使蛇能够察觉到比自己热和冷的物体存在,还能测知其方向和距离。当田鼠等温血动物接近时,它们辐射出的红外线就会被蛇的颊窝准确测出。然后蛇就会跟踪温血动物辐射的红外线捕获猎物,准确无误将其捕获。即使是环境温度只有 0.0018℃ 的细微变化,响尾蛇也能感觉出来。定向追踪的现代化武器——响尾蛇导弹,也正是受到这种启发研制出来的。

为自己看病的动物

动物也会得病。在同各种疾病的斗争中,它们学会了给自己治病。

有些动物会用野生植物治病。有一种鹿泻肚子的时候,常常去吃榆树的皮和嫩枝。原来,这些东西含有鞣酸,能够止泻。"咪咪"叫的大花猫,患了肠胃炎腹泻不止时,会急急忙忙地找一种带苦味的有毒植物——藜芦草吃,然后呕吐不止。要知道,藜芦草里面含有一种生物碱,有催吐的作用。以吐治泻,成了猫治疗肠胃炎的一种有效方法。

狼的胃壁肌肉能自动收缩。它们怀疑自己吃了有毒食物时,会立即收缩胃肌,把胃里的东西吐出来,以防万一。

有人捉到一条鳄鱼,剖开它的胃,发现里面有不少粗木块、石头,以及其他一些不容易消化的东西。这是怎么回事呢? 其实,道理很简单:鳄鱼在冬眠的时候,怕自己消化器官的功能会减弱,就吃下一些坚硬的东西,让胃不停地工作。

热带森林中的猴子,得了怕冷、战栗的病,就会去啃咬金鸡纳树的树皮。这种树皮中含有金鸡纳霜素,是治疗疟疾的特效药。

有人在雨天看见一只野吐缓鸡,一再强迫它的幼儿吃安息香的树叶。安息香的树叶不是吐缓鸡的食物,所以它的幼儿不爱吃。原来,小吐缓鸡浑身被雨水淋湿了,得了感冒,吃了这种带有苦味的树叶以后,它的病便慢慢地好了。

温泉浴是一种人用来治病的物理疗法。说来有趣,熊和獾也会用这种方法来养生和治病。美洲灰熊有一种习惯,年纪大了以后,喜欢跑到含有硫磺的温泉中去洗澡,浸泡在里面,好像在治疗老年性关节炎似的。母獾常常把长疮的小獾带到温泉中去沐浴,治疗皮肤病。

野牛得了皮肤癣后,会长途跋涉跑到湖边,在泥浆中"沐浴"一番。然后爬上岸来,慢慢将泥浆晾干。不久,它又再去湖边"沐浴",直到把癣治好为止。洗泥浆浴并非野牛的"专利",犀牛和河马等也有这一爱好。因为泥浆浴不仅能治病疗伤,还有防病作用。

有一位猎人多次观察后发现,受伤的黄羊总是往一个山洞里跑。在跟踪到山洞后,他发现黄羊总是把受伤的部位紧紧贴着陡峭的山壁。有趣的是,黄羊离开那儿时,已经没有了先前病恹恹的样子,而是变得容光焕发了。后来,猎人在峭壁上发现了一种黏稠的黑色液体,犹如野蜂蜜,当地人把它称为"山泪",这就是野兽治疗伤口的药物。

一只山鹬的腿被枪打伤了。它就在河边取些黏土敷在腿部,然后又拐着脚去收集青草,放在黏土里,一同"包扎",就像人们绑石膏一样。人们看到,这只山鹬足足缠了一个小时,等它把"绷带"全弄好才飞走。

不少动物能为自己作"复位治疗"。肚皮被划破了,内脏漏了出来,它们能将内脏塞进去,然后躲在安静的地方"疗养",等待伤口愈合。有一只青蛙被石块击伤了,内脏从口腔里露了出来。这时,这只青蛙待在原地,不慌不忙地把内脏吞进去。3 天以后,它基本上复原了,又跳进了水塘。

有人见到,一条蝮蛇的头部被另一条毒蛇咬伤了,起初出了一点血,不一会儿头部便肿了起来,连嘴都肿得合不拢了。于是,它拼命喝水,14 分钟里接连喝了 216 口水。2 小时以后,蝮蛇头部的肿胀渐渐消退了。这跟医生抢救被毒蛇咬伤的病人时的情景,真有点不谋而合!那时,医生往往给患者大量输液,加快毒液排出的速度。

研究动物给自己治病的本领,对人类也是很有好处的。著名的云南白药,是云南民间医生曲焕章发明的。据说,曲焕章是位打猎能手。一天,他打中了一头老虎。谁知第二天请人去抬时,那虎不翼而飞了。后来才知道,带伤的老虎是吃了一种药草后逃跑的。曲焕章采回这种药草,配合其他药物治疗跌打损伤,效果非常好。于是,云南白药便问世了。

气候鱼——泥鳅

泥鳅是最为常见的鱼类。浑身滑溜溜的,背部和两侧为灰黑色,全身又布满黑色小斑点,在它的尾柄处有大黑点。小小的眼睛,嘴的周围长着 5 对触须。泥鳅喜欢在静水区的底层栖息着。我国除西北高原地区以外,可以说从南到北的湖泊、池塘、沟渠和水田底层,凡是有水域的地区它都能生长。泥鳅的生命力极强,不会因不良环境或生病而死亡。泥鳅的肠子很特别,在它的肠壁上密密麻麻地布满了血管,前半段起消化作用,后半段起呼吸作用。所以,泥鳅在水中氧气不足时,会到水面上吞吸空气,然后再回到水底进行肠呼吸。废气由肛门排出,人们往往能看到水里冒出很多气泡。

当天气闷热、即将下雨之前,小泥鳅很难受,此时水中严重缺氧,迫使它一个劲地上下乱窜,犹如在表演水中舞蹈,这正是大雨降临的前兆,西欧人为此称泥鳅是气候员。冬季河湖封冻了,泥鳅就钻入泥土中,依靠泥土中极少量的水分使皮肤不至干燥,此时它靠肠进行呼吸来维持生命。待来年解冻时再出来活动。泥鳅产卵从每年的 5—6 月开始,6—7 月为最盛时期。一般卵为黄色,稍有黏性。经过 3—4 天即可孵化出幼鱼,不过这种幼鱼和别的鱼有所区别,它的鳃条是全部露在外面的,没有养过泥鳅的人,见到这种情况千万不要大惊小怪,以为是什么奇怪的动物,它正是泥鳅的幼鱼。泥鳅对环境的适应力很强,繁殖快,肉味鲜美,含蛋白质高。由于有这些优点,近年来不少渔民走上了饲养泥鳅的致富道路。

鱼中的神枪手

曾经发生过这样一件有趣的事:在一家颇有名望的水族馆里,会赚钱的老板,养了很多种奇形怪状的鱼,供人们欣赏。其中一个鱼缸里养着几条身体只有 20 厘米长,体色鲜艳的小鱼,它们特别活跃。正在兴致勃勃地东游西窜,于是观赏的人们便纷纷向这个鱼缸围拢过来,一位戴眼镜的观赏者站在最前面,突然,一串"水弹"射了过来,把他的眼镜打落在地,这滑稽场面引得大家捧腹大笑。原来鱼缸中养的这条鱼,是弹无虚发的水中"神枪手"——射水鱼。射水鱼生活在东南亚和澳大利亚的小河里,它不仅能捕食水中生物,还能享受陆地上昆虫的美味。看!在这水草丛生的河里,一条射水鱼正在缓缓游动。它虽然身在水中,眼睛却直盯盯地望着水草尖,原来在那草尖上正落着一只蜻蜓,射水鱼悄悄地游过去,看准目标,突然喷射出一串"水弹",蜻蜓被击落,糊里糊涂地成了射水鱼的腹中之物。

　　射水鱼的射击技术相当高明,一米内射出的"水弹"可以百发百中。人们发现在射水鱼的口腔上部有一条沟状的构造,并和舌头黏合在一起,形成一个管子,如果舌头上下自然拨动,一连串的"水弹"就会从口中喷射出去。那么为什么射水鱼会有这么高超的射击本领呢?生物学家用高速摄影机拍摄了射水鱼发射"水弹"的分段动作,才弄清了水中"神枪手"的秘诀,原来,太阳光从空中进入水中,会发生折射,光线折射会产生误差。有趣的是,射水鱼在瞄准目标时,会使自己的身体与水面呈垂直状态,同时,眼睛距离水面也很近,这样发射出去的"水弹",才能克服光线折射时产生的偏差,从而准确地射中目标。由于射水鱼的取食方法十分奇特而有趣,在东印度群岛和波利尼西亚群岛的居民喜欢把射水鱼养在玻璃缸里,观看它的精彩"射击"表演。他们在鱼缸内插上一根木棍,在露出水面的一端安上一根刺,再在刺上放上一只活的小昆虫。正在水中游玩的射水鱼,看到有活的小动物,就会照准小昆虫"突突"一连射出两发"水弹",昆虫应声落水,只看射水鱼美滋滋地将昆虫吞下,又自由自在地游玩去了。

企鹅"语言"妙趣横生

　　俗语说:"人有人言,鸟有鸟语。"企鹅群体也有它们丰富多彩的"语言"。多年来,海洋动物学家对企鹅的行为作了仔细研究,发现它们的行为"语言"有一定的规律性。

　　企鹅的行为"语言",主要利用姿势动作和叫声来表达。其中最典型的是阿德利企鹅。

当行人或贼鸥靠近时，阿德利企鹅会紧收项颈羽毛，在头顶处形成褶状隆起，转动的眼圈下，上露眼白，这表示它心里紧张，但又不希望与对方争斗。接着它收拢颈毛，慢慢地前后扇动翅膀蹒跚离去。

每当外出归来时，阿德利企鹅会拖长尾音高声呼叫。呼叫时，身体伸长，两翅夹紧，喙部大张。当阿德利企鹅与配偶或幼企鹅相遇时，还伴有摇头晃脑、低头哈腰等动作，表示久别重逢之喜。当接近巢位时，阿德利企鹅身体和颈项均倾向巢穴，似乎说"到家了"。企鹅在接近其领地 2～3 米时，不管领地内有无配偶或幼仔，都会发出高声呼叫，叫声含意似乎是："家里有人吗？我回来了！"如果配偶或幼企鹅在家，它们也会了出高声呼应："我在家，请进来。"两者相见时，便不再呼叫，这时会软语温存一番。

企鹅进入"婚配"时，"住房"是个先决条件。在配对之前，独身雄企鹅开始建窝筑巢，布置"新房"，并不停地在巢位上狂热呼叫，以招引雌企鹅。当一只羽毛紧束、光彩照人的雌企鹅点头哈腰地趋近雄企鹅时，表明雌企鹅愿意交往。而雄企鹅如允许它接近，就表示同意交往。当雌企鹅趋近巢位时，雄企鹅深深地一鞠躬，雌企鹅也同时鞠躬还礼，进行简单的"拜堂仪式"。然后，雄企鹅蹲于巢内，用喙轻轻抚弄窝，有意无意地重新整理巢中之石，雌企鹅则立于巢旁。稍后，雄雌企鹅互换位置，最终实现交配。有时，这种结合由于行为程序受干扰也会出现中途失败，雌企鹅便另觅"新欢"。

企鹅对领地的选择和防卫斗争往往涉及：一是领地所有权归属的争吵。有时为此斗得不可开交，直到一方认输为止；二是邻里越界引起争斗，因此垒巢须保持一定的距离，互不侵犯；二是外来者在营地边缘活动会引起某些对抗反应。而且，外界物体的快速行动往往会引起企鹅极其强烈反应。对贼鸥、外来企鹅或行人的侵扰，也会发出咆哮呼叫。如果情况进一步恶化，企鹅便攻击呼叫。其声音短促、沙哑、刺耳，等于在说："我与你拼了！"接着它就向对方冲击，猛扑过去。同时，还有用胸部顶撞对方或翅膀猛烈拍击对方等进攻性动作。

据悉，我国国家海洋局第二海洋研究所的几名南极考察队员，有一次为接近这些可爱的企鹅群，贸然闯入了企鹅营地，结果受到一种企鹅又咬又打的接待，终于被驱逐"出境"。后来，考察队员缓慢地进入企鹅营地，逐步靠近它们，结果避免了被攻击。再进一步的观察发现，人们如在企鹅群中待了一段时间,它们就会认同你是一只大企鹅,或认为对它们没有什么危险,它们也就若无其事了。有趣的是,当人们偷偷地把拳头塞到企鹅肚子下,企鹅还以为是只企鹅蛋,就精心地蹲在那里孵蛋。

在企鹅行为中,必然存在动作起因和诱发响应的因果关系。阿德利企鹅的大部分行为与头和喙的姿势、动作有关。对这些动作进行详细的分析研究,就可以编写出一部"企鹅语言"词典来。

快跑啊,"水鬼"来了

"大鱼吃小鱼,小鱼吃虾米。"

这是人们归纳出的水里世界的弱肉强食的定律,但是,在南美洲亚马孙河流域的一些湖泊和河流中,一种凶残的小鱼,因为攻击性强,人们称之为"水鬼"。

一般我们都听说或是看到过水鸟吃鱼的情景,但是在这里竟然出现大鸟俯冲入水中,却被小鱼咬住,在水中挣扎后沉入水中的现象。

这到底是怎么回事呢?

美国一探险家把山羊用绳子绑住推入水中,几秒钟后,只见湖水翻腾。5分钟后,拉起绳子看到,只剩下了山羊的骨骼,肉已被啃光。在亚马孙河流域的巴西马托格洛索州,每年有一千多头牛在河中被"水鬼"吃掉。水中玩的孩子不时的也会受到"水鬼"的攻击。

那么,这些湖泊和河流中究竟潜藏着什么怪物呢?

探险家把绳子拉到了岸上,在山羊的胸腔骨里发现了几条形状怪异的小鱼,头是黑色的,肚子是橙色的。奇怪的是小鱼的嘴里长着两排锋利的牙齿,它们掉在草地上乱跳,碰到什么咬什么……

这正是亚马孙河流域特有的鱼种——"食人鱼",当地人称之为"水鬼"。在亚马孙河流域食人鱼共有20多种。

你别看食人鱼的体型小,它性子可是很凶暴的。猎物一旦被咬出血腥后,食人鱼就会疯狂地用小尖牙撕咬切割,最后猎物剩下一堆骸骨。听着就

让人毛骨悚然，食人鱼为什么会有这么厉害？

食人鱼脖子短，下颚短而突出有力，头骨坚硬，呈三角形的牙齿尖锐，交错排列着。这样颚的结构，使得咬合力大得惊人。扭动身体咬住猎物不放使劲地撕裂。他们的齿力大到可以咬穿牛皮，咬透木板。

食人鱼能把钢鱼钩咬断，可见食人鱼的威力了吧。水中霸王鳄鱼遇到食人鱼，也会吓得缩成一团，翻转身体腹面朝天，让坚硬的背部朝下，使食人鱼无法咬到自己的腹部，浮上水面。在小小的食人鱼嘴下逃生，保全条命。

食人鱼视力较差，但听觉灵敏。它们对水波震动的灵敏度很强，寻觅到进攻的猎物较容易。

它们胆量大，敢袭击比自己大几十倍的动物，还善于"围剿"。猎食开始就会咬住猎物的眼睛、尾巴等致命部位，使之丧失逃生能力。食人鱼群体疯狂猛咬，猎物就很快变为一堆白骨，速度快极了。

食人鱼在水少处，常成群结队出没，经过此水域的动物遇到集结成一大群的食人鱼，容易被它们攻击造成伤害。

会唱歌的鲸

鲸会发声，有的鲸还会唱歌。这不是天方夜谭，而是事实。鲸在木底船附近唱歌时，躺在船上的水手会听见不知来自何方的奇特、悦耳的呜呜声。

有些会发声的动物，尚不知会歌唱。许多海豚会发出高频的"信号曲"——每头都有其区别于邻居的呼号。这种叫声似乎起着名字的作用：海豚靠近邻居时，常常发出邻居的哨卢。类似的，抹香鲸也会各自发出一连串区别性的咔哒声（称为它的符尾），有时还会模仿附近另一头鲸的符尾。逆戟鲸各家族有其特定的互相打招呼的方式。

须鲸（特别是座头鲸）会歌唱。在任何时候，一群须鲸唱的总是一首歌。歌曲会逐渐变化，但每头鲸都能学会和背熟新的变奏曲。这是一种难以企及的技艺，因为长达30分钟的乐曲十分复杂。只有雄鲸才歌唱，而且主要是在生殖季节。

这些歌曲同许多鸟类的鸣叫一样，似乎是用来争得雌鲸欢心的。

座头鲸唱歌的音域很广：音调高至像工厂的高音汽笛，低到像混响的雾角。对座头鲸的歌唱录音加快 14 倍播放时，像是夜莺在歌唱。可是鸟歌比较短，而且更重要的是，不像鲸歌那样结构复杂。鲸歌可划分成若干有规律的重复短句，由它们依次组成总是在同一乐句中出现的主题。

通过对这些主题和短句进行分析，两位美国科学家认为，鲸似乎懂得押韵，像人那样以押韵来帮助记忆。

这两位美国科学家是马萨诸塞州林肯城长远项目研究所的琳达·吉尼和纽约州伊萨卡科内尔大学的凯瑟琳·佩恩。

她们对北太平洋的 460 首鲸歌和北大西洋的 88 首鲸歌进行了分析。根据她们的录音，她们制成一种声音频谱图，把声音变换成一连串形状可辨认的波纹。编制成的鲸歌目录，使海洋生物学家能通过表明每位歌手来自何方的歌声来追踪鲸群。这种方法还能使科学家掌握鲸的演化过程。

从研究证明，鲸常用有同样结尾（也就是韵脚）的短句。

鲸歌主要变换频繁，音韵甚丰。吉尼和佩恩发现，许多不同主题的歌还更可能包含许多韵脚。她们发现同韵体相关的不是歌长，而是记忆的不同材料的数量。简单的鲸歌并不包含押韵的节段。而且韵律可能是帮助鲸用来记住复杂鲸歌中下一段内容的一种手段。

韵律有助于记忆是尽人皆知的事实。诗歌之所以特别上口，押韵是一个重要因素。两位女科学家知道她们取得的证据并非结论性的，因为鲸不会回答她们提出的问题。

弹涂鱼的尾巴

在印度生长着一种让人琢磨不透的弹涂鱼。它长期生活在淤泥里，离不了水，但又可以在陆地上行动自由，还能爬树、捕食昆虫。它用尾巴呼吸的独特生存方式更让人着迷。弹涂鱼的尾部皮肤上布满了血管分支，人们发现，它上岸捉虫时，总是将尾巴连同尾鳍伸进水里，在腾空捕食飞虫、身体着地后，尾巴仍然会留在水中。

弹涂鱼或许是用尾巴从水中摄取氧气，但测试结果（水中的氧含量极低）又推翻了这种猜测。原来，弹涂鱼将尾巴伸进水罩并非吸氧而是取水。吸水的目的在于保持身体各部位的潮湿润泽状态，这种状态，进而满足用体表分泌大量黏液，从而获取空气中的氧的需要，而经由尾巴得到的氧是微乎其微的。弹涂鱼之所以能长时间脱离水，是因为它的尾巴可向身体供水，使之能用身体表面来呼吸，这样，它的尾巴竟演绎成了非同小可的呼吸器官。

军曹鱼的威风

军曹鱼的美称乃至于它的威风，来自于它光彩照人的外表形象。军曹鱼不仅身体颜色与众不同，且身上还有排列整齐的特殊发光点，既像军官服上缀着的金属纽扣，又如同金光闪闪的军功章。不仅耀眼夺目，且闪光点的数量也多得惊人，灯笼似的发光器官竟有 300 个左右。

这些发光器官的表层覆盖着一层不透光的膜，其内表面光洁度较高，能反射光线。发光器官的前端有一透镜装置，聚光作用由此而产生，发光器内部的一种黏液具有在黑暗中发光的特性，不知是军曹鱼生性不爱招摇过市、引人注目，还是出于节约能源的考虑，它几乎不用自身的"聚光灯"来照明，只有到了交配季节，军曹鱼才会解除"灯光管制"，施展军曹威风，大放异彩光辉。

鱼类的"金嗓子"

一般人总认为鱼类是沉默寡语的，其实所有的鱼类不仅都能发音，而且还不乏"金嗓子"。

人们爱吃的黄花鱼就有一副"金嗓子"，能唱出"哗啦"、"咯咯"、"哥罗"等 3 种不同音符，它的"歌喉"常常招致灭顶之灾，渔民们根据黄花鱼所具有的特殊嗓音、音量大小、"旋律"的优美程度，可判断鱼群的数量和游动方向，从而把它们一网打尽。

犬舌鱼，一种居住在中国沿海的鱼类，它的歌喉善鸣善啭，清脆多变，有时像蛙叫,有时像竖琴声,有时则像铃铛,不愧为鱼类口技天才。还有海鸡,又名鲂鮄,会仿效雄鸡啼鸣;鼓鱼会发出似鼓声的音响。若能把各类“金嗓子”聚集在一起,真可以组成一支鱼类的交响乐团。

鱼能发声的秘密在于鱼鳔。当鱼鳔被肌肉压迫收缩时,鳔中便放出气泡,于是形成音响。通常能传到人类耳朵的并不是鱼类全部声音的展露,许多时候当鱼类在表演它们的歌技时,由于水的阻隔,人类并没有欣赏到。如果有机会将所有鱼类美妙的歌声收集起来,主办一台鱼类音乐会,那一定会使人大饱耳福。

我会表达喜欢你,也会恨你

人类面部有丰富的表情,比如微笑、扮鬼脸、皱眉蹙额等,进行表情的交流。你知道吗?动物之间也有情绪交流的。

黑猩猩等灵长类动物,很像我们人类,面部表情很类似的。狗、狼和同类,会噘起上唇、龇牙咧嘴表示愤怒;害怕或驯服时,会紧闭嘴巴、耷拉耳朵。还有少数哺乳动物,特别是群居的,也会用面部表情表达情感。但是相对来说,鸟类、鱼类、爬行类、两栖类等种类的动物,它们的面部肌肉动得很轻微的,面部基本上没表情。

动物没表情,哺乳动物又是如何对好友表示的呢。如小狗的摇头摆尾表示快乐,要表示极其快乐,会躺下来,四脚朝天,露出肚皮。鸟类做出某种姿态,表示惊恐或准备进击。例如,灰雁抬起头来表示准备出击。两个猫在蓄势待发的状态,大家应该会看到过,后背弓得老高,浑身的毛全都竖起来。鱼有时表达情感,靠的是改变鳍的位置来实现的。

求偶期的雄性动物,都是要发出一种信号的,雌性常常用动作表示是否接受,如雄性招潮蟹挥动大螯求偶,雄蜘蛛会在雌蜘蛛面前大展舞姿,表明身份,为避免被误认为猎物,先弹动雌蜘蛛网才趋前求偶。鱼身上会出现鲜艳的斑点,特别是在繁殖季节,色彩变得更夺目。蜥蜴会抬起身子一上一下地晃动。美丽的动物孔雀,喜欢展露斑斓夺目的羽毛。

鸟类的喉咙出声音,它们的鸣管在气管的底部,而我们人类的喉,是靠

近气管的顶端的。美洲鹤和天鹅是低音鸟类,鸣管竟长达三四英尺。有的鸟没有鸣管,如欧洲白鹳,所以不能发出声音。鸟类一般是在早晨或黄昏啼鸣,夜鹰只在黄昏或黎明前啼鸣,夜莺则是夜间的歌手。经常听到鸟叫声的人,只要根据鸟的叫声就能分出鸟的不同种类的,比肉眼观察更准确。

同学们一定去过树林子里吧,你是不是听到过鸟叫?所有雄鸟的鸣叫都比雌鸟的动听。有些雀鸟一天内重复鸣唱无数遍,不断在地盘范围内的枝头间跳来跳去。鸟鸣高潮在繁殖季节之前,一旦过了繁殖季节就很少鸣叫了。

歌唱不是人类的日常语言,鸣叫也不是鸟类的日常沟通方式。鸟类呼唤幼鸟和同伴、求食等,主要靠叫声互通信息。在树林中听觉比视觉重要得多,但是鸣叫的作用又是最重要的了。

雄蚊求偶,靠的是雌蚊双翅发出特别的声音,来找到雌蚊进行交配的。蟋蟀、蚱蜢和螽斯虫鸣叫的时候,利用身体某部分和另一部分摩擦发出声音。某些蚱蜢后腿内侧有一排细齿,鸣叫时抬起后腿,用那些细细的齿在前

—— 135 ——

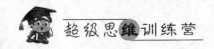
超级思维训练营

翼坚硬的外线处拉上。

蟋蟀和螽斯虫在前翅膀后部附近有一粗糙的音锉,与另一前翅摩擦发出声响。雄蝉迅速收缩和放松身上的特殊肌肉,发出单调的尖锐鸣声。

蚊子的触角可灵敏了,能够感受声的震动。短角蚱蜢的"耳"在腹侧,是两片圆圆的膜片。蟋蟀和长角蚱蜢的"耳"则长在前腿上。动物很多都会歌唱。食蝗鼠用后肢站立,头向后仰,双目半闭,扯着嗓子尖叫。海上金丝雀的白鲸的歌声动听,座间鲸的鸣声如同感人的哀歌。海豚可能说了,你听它们在水中不停地啸叫。

科学家对火蚁进行研究,惊奇地发现,它们在食物与蚁巢之间,用一种强效化学物质标注记号,只有同类的火蚁才会注意到,且效力极强,一茶匙分量就足够用于百万里长的距离。蚂蚁等群居昆虫会分泌多种信息素,这是动物用来传递信息的化学物质。具有警报作用的信息素,一般在一分钟内消散;用来呼唤同类的信息素,有效时间较长。信息素常用来吸引异性。

雄蛾分泌的信息素会随风飘散,播送到一里以外。一种雄性水蜥的尾部能排一种物质在周围的水中,这就是信息素。

萤火虫是一种甲虫,翅膀很软的。从夏到初秋到处都是,从黄昏开始,尾部能发光,持续到午夜。萤火虫发光是一种求偶信息,雄性发出的荧光比雌性的亮一倍;不同品种萤火虫的闪光频率也不同,萤火虫聪明得很,只对同种的闪光做出回应。

在美洲热带地区,有一种昆虫叫叩头虫,它们也是在夜间发光,其中一种头上有两点绿光,静止时会闪亮起来;飞行时腹部亮起一点红光。这种甲虫的幼虫,头部发亮,身体两侧还有一排发光点,十分有趣。你知道吗? 这种浑身发光的现象是警告信号,让敌人远离它们的意思。

电鱼漫谈

电鱼发电器产生的电压,随种类不同而有很大差别,号称"震手(鱼浦)"的双鳍电鳐可产生 45～80 伏的电压,非洲尼罗河的电鲶可产生 450 伏左右的电压,南美洲的电鳗威力更大,可产生 900 伏的电压,人畜若踏到电鳗身上,将遭电击而危及生命。电鱼的放电频率高低不等,高频放电每秒可达 250～280 次;低频放电每秒只有 10～20 次。电鱼放电并不是无休无止的,当电能耗竭后,就将停止放电,经过一段时间休息,才恢复放电能力。

电鱼发电器是它自卫或捕食的工具,发电器受大脑支配,对其放电的强度和时间,电鱼完全能够控制。到目前为止,人类的任何一种蓄电装置,在结构和效能上都没有超过鱼的发电器。具有发电能力的鱼类统称为电鱼,已知的约有 250 种。其中有生活在南美洲热带海域的电鳗类、非洲热带海域的电鳐类和长吻鱼类,中国南海的双鳍电鳐、单鳍电鳐和坚皮电鳐。

电鱼之所以能发电,是因为它身上带有发电器。这类发电器的基本构造和发电原理,与人类所制造的发电器大致相同,只是构件的成分不一样。电鱼的发电器是由肌肉或一些组织组成的,电的导线是一条条神经末梢,而人造的发电器主要由一些金属构件组成,用金属导线来传输电流。电鱼的发电器由许多多边形的肌肉柱状体组成,柱状体内又分成许多小间隔,各柱

— 137 —

状体之间被结缔组织的电板隔开,这样构成串连的蓄电池相似的结构,柱状体内的电板如同蓄电池的电极,电极的一边接有一簇神经末梢的是负极,没有神经分布的另一边是正极,电极由大脑和脊髓神经支配。大脑传出放电信号时,发电器的电路马上通电,进而放电;大脑停止发射信号时,发电器的电路立即中断,便停止发电的巧妙之处正是仿生学家们的研究兴趣所在。

防治疟疾的"鱼大夫"

大家都知道疟疾是一种使患者忽冷忽热的疾病,这种病的传播媒体又是讨厌的蚊子。的确,在疟疾传染、蔓延的过程中,该死的蚊子扮演了一个不光彩的角色。原产于美洲的食蚊鱼则是蚊子的克星,别看食蚊鱼的体形较小,只有 2.5 ~ 3 厘米的身长,且对生活环境也要求不高,但它们捕食蚊虫的狠劲可一点也不含糊。正因为如此,世界各国疟疾流行的地区都相继引进食蚊鱼,在自然条件下的各种水面和稻田中将它们成功地繁殖起来,有效地防治疟疾的流行,甚至在消灭疟疾病毒战役中也起到了决定性的作用。回此,食蚊鱼作为防治疟疾的"鱼大夫"是当之无愧的。

"职业"食蚊家

鱼类中不乏食蚊"能手",据统计全世界食蚊的鱼类不下于 90 种,像鲫鱼、鲤鱼、中华鳑鱼,都是吞食幼蚊的好手。而其中享有"职业"食蚊家盛名的柳条鱼是它们中的佼佼者。柳条鱼很小,长 1 ~ 3 寸,体狭长,状如柳叶。游动敏捷,常穿梭于水生植物中捕蚊度日,每天能捕食孑孓 200 个以上。有人做过统计,在一万立方米的水中,只要放养一条柳条鱼,就可使水中的孑孓全部消灭。此鱼还是一种"多胎多产"的胎生鱼,一个月左右就能生殖一次,平均每胎约产仔鱼 30 条。现在许多国家大量养殖柳条鱼来灭蚊。

中国的斗鱼,又叫"钱爿鱼",虽略逊于柳条鱼,但其食蚊的名声也不小,每日可食孑孓 160 多个。此外,罗汉鱼也是以捕蚊为己任,每日捕食孑孓 50

个左右。

鱼类为什么能在水中兴旺发达

"海阔凭鱼跃,天高任鸟飞"。天空是鸟的领地,水是鱼的世界,为什么在浩瀚大海,广阔的湖泊,鱼类能独领风骚,兴旺发达?因为大自然赋予了它在水中生活的本领。

由于水中的各种环境条件的影响,鱼的外形有各种各样。但活得最好,数量最多的鱼类,体型是纺锤形。呈流线的纺锤形,可大大减少水中游动时的阻力,良好的体型外表常常有一层滑溜溜的液体,那是鱼类皮肤分泌的黏液,这种黏液均匀地涂抹在鱼鳞上,使流线型外表如同上了润滑剂,减少了运动时鱼体与水的摩擦,鱼的躯干上长着多个鳍,这是鱼的运动器官,有成对的胸鳍、腹鳍,也有不成对的背鳍、臀鳍和尾鳍,这些鳍结合肌肉的收缩,不断划动,就像是鱼体上安上一台推进机,推动鱼体不断前进。每个鱼鳍各有分工,胸鳍、腹鳍分管鱼体平衡和改变运动的方向,尾鳍、臀鳍和背鳍则控制运动方向,不让鱼体左右摇摆。水下世界不是太平的世界,时而狂风乍起,波浪滔天;时而升温降温,冷暖不定;时而还有他种类群的"偷袭"、"劫道"。对这些,鱼类自有应付的本能。在鱼的躯体两侧,分布着一种特殊的感觉器官,感觉器通过鳞片上的小孔与外界相通,许多鳞片小孔沿着感觉器在鱼体两侧分布,排列成一线,这条由鳞片孔排列组成的线,叫侧线,通过这条侧线,鱼类能感觉水流的方向、水的波动、水温的高低和水中的声波。一旦有风吹"水"动,侧线马上通知鱼体,鱼马上作好应急准备。

大自然给予鱼类"十八般武艺",难怪鱼类能遍布全球几乎所有水域,并发展壮大自己的队伍,使鱼类成为脊椎动物中种数最多的一个大家族。

牛蛙的"牛"脾气

牛蛙原产地在北美,所以称之为牛蛙,是因为它颇有几分"牛"脾气。

走入牛蛙生活的领地,仿佛是进入了养牛场,一片"哞哞"的公牛叫声,两三公里外都能听到,这是牛蛙发出的叫声,难怪人称它为牛蛙,果然是名不虚传。牛蛙在蛙类中身体十分巨大,身体长 20 厘米,体重 600 克,尤其是它后腿肌肉十分发达,可以和牛后腿的腱子肉媲美。后腿肌肉不仅强壮有力,而且和牛肉一样,营养价值很高,是一道美味菜肴。因为牛蛙的身体巨大,竟要动用微小的散弹射击,才能捕捉到它们,但牛蛙是一种被保护的动物,只能在某一指定地点、时间,才可以对它们进行捕猎。牛蛙的胃口也很大,能吃各种昆虫和软体动物,能捕捉小鱼,甚至能捕捉水中游玩的小鸭类小水禽。

癞蛤蟆并不赖

癞蛤蟆的学名叫蟾蜍,是脊椎动物亚门中的两栖纲动物,所谓两栖,就是既可以在陆地生活,也可以在水中生活。

癞蛤蟆全身疙疙瘩瘩。再加上它们在繁殖期常在一起发出十分难听的鸣叫,使人一见到癞蛤蟆马上产生很不愉快的感觉。癞蛤蟆外表虽癞,实际并不赖。

癞蛤蟆是吃有害昆虫的能手。一种生活在中美洲和南美洲的大蟾蜍,就曾多次为消灭害虫立下大功。这种大蟾蜍身长达 25 厘米,宽 12 厘米,重量达 1 千克。它的主要食物是一些对热带作物有害的昆虫。19 世纪,西印度群岛的热带作物被害虫侵袭,这种大蟾蜍被调运到那里,它们在那里捕食、繁殖,把当地的害虫消灭得干干净净。20 世纪 30 年代,人们曾经把 150 只大蟾蜍用飞机运到夏威夷群岛,用来保护那里的甘蔗田。几年中大蟾蜍很快繁殖起来,并且胜利地完成了任务。以后,这些在夏威夷岛繁殖的大蟾蜍的后代,被人们运送到菲律宾、新几内亚、澳大利亚等有热带作物生长的地区,大蟾蜍同样表现出色,创造了消灭害虫的光辉业绩。

了解癞蛤蟆对人类所做的好事,应该对它的印象有所改变吧?其实它皮肤上的疙瘩只是一些能分泌黏液的皮肤腺体,这样能使皮肤经常保持湿润,有些疙瘩可能还有分泌毒液的作用,主要用来对付害虫。在蟾蜍的耳后有一个腺体,可以分泌一种叫蟾酥的物质,蟾酥可加工制成药品。

天蓝色的青蛙

顾名思义,"青蛙"的表皮应当是青绿色的,当然也有不少青蛙是棕灰色的。但很少有人知道,美丽的天蓝色居然会成为青蛙的外衣。有一种尖鼻蛙,当春天降临大地、万物复苏的时候,它也像人们要脱去冬衣换上春装一样,换上它所专有的春季时装——一种特别的发情体色。但这天蓝的体色只有当它在水中的时候才显现出来,一旦出了水,它的身体色泽又还原到它的本来面目——并不十分艳丽的棕灰色。

事实上,在动物王国中,刺鱼、斗鱼类(观赏鱼)和其他不少动物,在繁殖阶段的发情期都有类似于尖鼻蛙这样的体色变异的生理现象。敏蜥原本是灰棕色的,可一到春天它摇身一变成了美丽的鲜绿色,并且在整个繁殖期内部能保持着这种色泽鲜活艳丽的形象。

毛蛙的"皮袄"

长毛的动物一般都是哺乳动物。蛙类从来就是无毛的主儿,然而非洲的加蓬国度里,却生长着一种胸部和四肢长毛的毛蛙。

毛蛙为什么穿上了"皮袄",难道是为了御寒吗?其实,别说地处热带的加蓬无须御寒抗冻,就是生活在欧洲和靠近北极地区的蛙类也没这种"毛皮"装备。在显微镜下观察这种奇特的"毛皮",才看出了它的原形。原来那些长毛不过是皮肤上的突起物,起着鳃的作用,是一种特殊的水陆两用呼吸器。人们还发现只有雄性才长毛,这是因为每逢繁殖季节雄蛙要耗费大量的体能,若没有这些"体毛"助一臂之力,毛蛙就会呼吸困难,体内缺氧,无法满足其特别时期的生理需求。

对面的你呀,看过来

　　我们人类在打仗的时候,士兵以伪装掩护自己,不被敌人发现,人类伪装是后天学习得来的技巧。动物伪装则是为了躲避天敌、蒙骗猎物。动物天生有自卫本领,经过千万年演化,已成为它们身体及行为的一部分。

　　幼雏在刚孵出时,是不会飞的。小动物刚出生时,也是站不起来的。虽然幼小动物一般都逃不过天敌追捕,但多数的动物幼崽会伪装的,天敌看不见它们。它们到底是怎样伪装的呢?

　　动物的身体一般都是有色彩的,还有的生有不同形状的伪装。在姿态上与周围环境结合为一体。也有例外,有些动物模仿别种动物。例如鸵鸟的幼雏,羽毛呈沙色,有斑点,与孵育它的沙漠同色。小虎的身体为棕色,并

且长满白点,小狮子身上也是有斑点的。

斑点和斑纹其实就属于伪装的,可使动物大致的形象变得模糊。但动物如果站起来或动起来,行藏便会显露。雏鸵或幼鹿蹲伏时很难觉察其踪迹,大家看出来了吧,伪装离不开外表,动物的举动也有一定的作用。

大家都吃过鱼吧,你看鲭鱼、鱼鲑等鱼类的背部都是深色的,腹部颜色则浅。鹗、鹈鹕等专吃鱼的鸟类从天空中往下看,就只见鱼和水浑然一体,难以分辨。从水下往上看,白色的鱼腹与阳光照射的水面相映,似乎消失了,明暗补偿。北美洲一种食米鸟,很美丽,毛色深浅上跟其他鸟,刚好相反。它的腹部是黑毛,背部倒是白毛的。

虎,生活在干草中或者是芦苇丛里,这样就出现黄褐色皮,点缀着深色条纹,和周围植物浑然一体,有利于它们猎食。

麻雀身子短小,棕色的羽毛上有斑纹。麻雀发觉危险后,就一动不动,身子拉长伸直,尖喙朝天。风吹过麻雀的身体,也同芦苇一起晃。

斑马生活在平原上,身上斑纹不但没有掩护作用,反而会更加突出。动物学家说,斑马的斑纹在狮子或别的猛兽眼中,会造成混乱形象,自己的敌人眼花缭乱。

在加勒比热带水域,鱼种类繁多,有名的是四眼蝴蝶鱼,尾巴两侧长出了一个醒目的大斑点。浅色圆圈围着中央黑色斑点,就像大眼睛。不用问了,这眼状斑点是用来扰乱天敌的。

同学们,你们肯定都见到过蝴蝶吧? 你知道美丽的蝴蝶也会诈敌吗?

蝴蝶有绚烂的眼状斑点在翅膀后,长有凸出的一块,看上去就像蝴蝶的头、触须和脚。这些眼状斑点起到吓唬对方的作用。鸟飞近时,蝴蝶会突然张开翅膀,露出一副凶狠的模样,着实地吓天敌一跳。软弱的毛虫也就借助后背上的眼状斑点吓走它的天敌雀鸟。

鲽有可扩张或收缩的色素细胞,表皮的色素是可改变的,可与光亮松软的沙质海底、乌黑的泥泞海底,或斑驳的沙砾海底浑然一色,难以察觉。科学家把一条鲽放在底面图案是方格的水箱内,不多时,鲽身上也会出现类似的方格图案。

变色龙会变色,蜥蜴也会根据情况变色。鱼也有色素细胞,如章鱼。有几种虾和蟹,也有瞬间"变脸"的本领。

大家看到了吧,这些动物在情绪激动情况下就变色。青蛙和蟾蜍变色,除情绪变化外,还受温度变化的影响,有时候也为了配合周围环境。不过你要记住了,不管是鱼还是青蛙,动物变成和环境同样颜色不是想变就变的,一般是收到条件的反射作用的结果。

青蛙的怪癖

青蛙无毒、便于饲养,是医学和生物学研究以及活体试验的上佳物种对象,但它也有一个怪癖,即必须以活物充饥,否则就会绝食。造成这一怪癖的原因并非青蛙挑食,而是它的眼睛根本就看不见不能动的食物。对于五彩缤纷的大千世界,青蛙却视而不见,如同坐在出了故障的电视机前一样,只看灰蒙蒙的一片。一旦有什么活物从这一灰色的屏幕前掠过,倒是休想逃出青蛙的大眼,因此,青蛙对于运动中的猎物往往是十拿九稳,手到擒来。

青蛙作为两栖动物,当它的祖先在很久以前由水中爬上陆地时,就失去不断观看世界的视力,再加上它们接收声音和气味信息的器官也未能很好地适应由水中到陆地的环境转换,不得不靠视觉功能来获取食物,并且留下了一个"见动不见静"的终生遗憾。

角蟾的喷血术

高血压是制造血管系统紊乱和血管破裂的罪魁祸首,威胁着人类的健康与生命。然而大自然也能运用高血压这一生理现象,创造出化险为夷的奇迹。南美洲墨西哥沙漠上生长着一种蜥蜴(即角蟾),就能巧妙地利用其头部血管中的局部高压作为一种自卫武器。

当角蟾遇到危急情况时,血液在非常态的高压之下迅速进入颈部、脊背以及头和躯干的其他部位,这些充血部位就会膨胀、挺直,颜色也随之改变,其面目立刻变得十分吓人。

角蟾的自卫绝招还在于它得天独厚那一束特殊肌肉——闭孔肌。当它陷入绝境时,闭孔肌会迅速做出反应,给脑血管的血液加压,直至压力使那些瞬膜里的娇嫩血管迸裂,致使血液喷射到捕食者的脸上。这猝不及防的"腥风血雨"往往使来犯者落荒而逃。据说,在1.5米的辐射半径内,这种武器总是能克敌制胜。

角蟾的闭孔肌除了抵御外敌外,还要满足自身发展壮大的需要。角蟾每年一度的蜕皮总不会那么顺利,这时闭孔肌就要露一手了。当脑血管加压时,血管肿胀使其头部膨大,便撕破了该蜕去的旧皮。头部旧皮一破,角蟾就会弃旧图新地从"旧罩衫"里解脱出来了。

奇特的眼珠

"避役",这两字乍一听来,很难将它与一种动物联系起来。但是,避役

却实实在在是一种树栖爬行动物的名字，又名变色龙。

在爬行动物中避役科动物是机体最为完善的一种。据统计，世界上共有 85 种避役科动物。它们分布在非洲大陆和马达加斯加岛，仅有一种普通避役栖息在欧洲的西班牙南部。

避役的眼睛具有一种特异功能，即两个眼球能"各自为政"，互不牵制地朝不同的方向转动。比方说它左眼向上和向前张望的同时，右眼则可以向下向后看，互不干扰。反过来，左右两只眼睛的定向观测分工也可以对调互换。避役这种独到的眼睛功力，使它们能够在身体纹丝不动的前提下眼观六路，尽收八方蛛丝马迹和风吹草动，从而大大提高了它们捕食昆虫的成功率。细心观察的人不难发现，避役在悄无声息地接近昆虫猎物时，它们会用一只眼睛专注于猎物，而用另一只眼睛寻找攻击捕食猎物的捷径。

避役不仅有特异功能的双眼，还有善于攀援树干的脚掌和尾巴。它能在树木的枝干上自由行动，且相当敏捷。它的长舌通常处于一个蜷缩状态，一旦遇到战机，舌头就会闪电般的从嘴里喷射出来，舌到之处，猎物十拿九稳。

避役还有一种设身处地变换自己身体颜色的本能。它们会随环境色彩的刺激而改变自身的色泽，这在很大程度上有效地保护了自身免受对手的意外攻击。当它们遇到紧急情况，避役在嘴里发出蛇一般"咝咝"声音的同时，肺部会急剧扩张膨胀，使它们的身体在短时间内变成了"庞然大物"，摆出一副赫然的样子，极具威胁性，因而也能吓退敌手。

啊？受伤了，你痛吗

你在体检的时候验过指血吧？被扎的那一小下，是不是感觉到了疼痛？我们人类和小动物等热血的动物在受伤的时候都会感觉到疼痛的。鱼会感觉到痛吗？鱼类属于冷血动物，它们有痛吗？脑部有新皮质的动物才有可能存在痛感。

鱼类有痛觉吗？它们被侵害时的乱动，是因为疼痛的感受还是仅仅是一种反射呢？鱼类既没有表情，也不会喊叫，我们又怎样能够去证实呢？

科学家对 20 条虹鳟进行研究,虹鳟骨骼系统和人类一样,头部有特殊感受器 58 个。痛觉感受器有 22 个,与人类的痛觉感受器极其相似,能将信号传递到大脑。感受器对刺激有反应,是感受痛觉的基础。

科学家刺激虹鳟的嘴巴,发现受刺激后鱼的心律、鱼鳃移动的频率大幅度增加。但不能确定为痛觉反应,属于一种本能的反射。

科学家对两组虹鳟对比试验。一组嘴唇注入醋酸,另一组注入盐水。被注入醋酸的虹鳟身体摆动,类似高级的脊椎动物,还在砂砾上磨嘴唇。恢复进食比注射盐水的组,时间上晚 2 倍。

可见,这不是条件反射。科学家给一组的虹鳟注射吗啡,真奇怪,这些鱼的行为很快就变正常了。

实验表明虹鳟有痛觉,它们和人一样,受侵害的时候先躲,接着出现异常行为。注射止痛剂恢复正常。

鱼是冷血动物,不会表达,但对于外界刺激和侵害也有痛觉。更为神奇的是,科学家还发现它们还能将这种痛的感觉记忆。

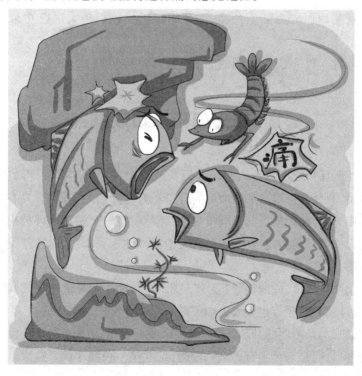

通过实验,我们可以得出:鱼和人、家禽等动物一样,都会有痛觉。

鳄鱼的尾巴

鳄鱼除了它那"勇往直前"的长鼻子和大嘴外,最显著的特征就是它那条大尾巴。

鳄鱼是爬行动物,照理它的四肢和腹部肌肉发达,这样既可以在陆地上爬行,在水里也可游动。可是,虽然它的四肢粗大而有力,但太短,完全不能在水中游动。所以,它的尾巴便显示出优越,在水里,鳄鱼的尾巴是它唯一的游泳器官。扁平的大尾,在水中犹如一支船桨,一划一动推动着鳄鱼前进。但是在陆地,鳄鱼却为自己的这条大尾巴付出了代价。无论鳄鱼的四肢多么强健有力,在陆地上它的爬行只能维持很短距离,长距离的爬行十分费劲,这全是因为尾巴的拖累。也许因此鳄鱼在进化过程中最终也没从水中爬行到陆地而成为陆生种类,一辈子都依仗着那条大尾巴在水中称王称霸。

鳄鱼现存数量不多,中国的扬子鳄被列为国家保护动物。

蛇牙的特殊功效

毒蛇的牙齿之所以令人恐惧是因为蛇毒出自于它。其实,毒蛇的牙齿并没有毒,只是分泌毒液的唾液腺的开口正好在牙齿的齿沟里,只有当蛇在咬东西用力时,使牙根上的盛满唾液的小囊受到压迫,蛇毒才释放出来。毒蛇在咬人或咬动物的过程中,蛇毒便无遗漏地注入到伤口,迅速产生可怕的毒杀作用。

在动物世界里,蛇的确是"武装到牙齿"的种类。眼镜蛇不仅其咬技高超,其设计精妙的牙齿也大大提高了它的毒杀功效。

它们那与众不同的牙齿,齿沟里用来喷射毒液的唾液腺并没在常规的顶尖上开口,而是与牙尖有那么一段距离,并呈一种漏斗状。这样设计显然是为了追求喷射效果，即：倘若毒牙咬得不深透的话，其毒液不能至肌肉深层，但漏斗状开口所形成的毒雾喷洒，能覆盖整个伤口创面。正如同散弹猎枪那样，枪口距离目标越远杀伤面就越大，再加上眼镜蛇可怕的喷射毒液的射程可高达4米之遥。其造成的危害更令人生畏了。

究竟谁该被封"王"

人们常说老虎是"兽中之王"，可是也有人说狮子是"兽中之王"，为什么说动物世界里存在两位大王呢？到底谁该被封为王呢？

老虎与狮子到底谁是"百兽之王"？

狮子常常被人们称为"兽中之王"。老虎也常被称为"百兽之王"。大王何来两位？

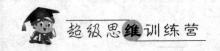

人们说的"兽中之王"指的是狮子,并不是或不完全是因为它比其他兽类强大,雄狮的脖子上的鬣毛长而密,异常威武雄壮,作为狮群的象征,颇有"王者气概"。雄狮的吼声巨大,让各种动物都害怕的,可谓兽类之首。老虎啸声深沉的,比不上狮吼惊人,其他的马、狗、狼,更不在话下的了。

百兽之王老虎,因它猛、有威力,山林中大小诸兽无不对它避而远之,连东北的大黑熊和成年雌象,见了它都要赶快逃命。

同学们,你们知道吗?其实,狮子和老虎在兽类中并不是最强大的。在非洲,狮子遇到比它大的象,比它凶猛的犀牛、公野牛,也要撤退的。在捕猎野牛和长颈鹿时,偶尔,也会有时候被猎物踢断肋骨的。

老虎是"百兽之王",但碰上大公象,也只能退步千里溜掉,它们也会害怕大象那粗大鼻子的抽打,再凶猛老虎也是承受不了的。就算遇上的是公野猪,老虎也要敬上几分的不敢招惹的。

由此可见,"兽中之王"的桂冠戴给谁都有些牵强。老虎和狮子不但从未决过胜负,关键是看这与什么动物相比了,也有处于弱势之时。就算它们有了高低之分,离"王"的封号似乎还有一段坎坷之路要走。